以正面思維、心錨技巧、內在動力訓練
融合行銷策略、管理學

U0036958

Big Deal 秘技

NLP商業實務

文心 、局目子 著

一星期成為*Big Deal Maker*

藉**神經語言程式學 NLP** 掌握：

- 改善客戶溝通及銷售技巧
- 增強談判力及提升自信
- 激發團隊合作和生產力
- 訓練員工處理衝突等

100%解決商業問題

目錄

第一章　NLP之戰無不勝篇

第二章　NLP商業魔法之講故事與法則

第七章 NLP商業十大黃金法則及經典理論

後記‧附錄

馬雲：如果一個方案有90%的人都說好，那我一定把他扔
　　　進垃圾桶去。因為這麼多人說好的案子，表示有很
　　　多人在做了，機會肯定不是我們的。

　　我時常也在反問我的人生，有沒有新的事情、新的論點、新
的角度可以提出，因為我很怕原地踏步，正如NLP強調：重覆舊
的方法，只有舊的結果。

Andy Warhol：Everyone will be world-famous for 15 minutes.

　　如果每個人也會成為一個「15分鐘」的主角，不知你又有否把
握過成為人生其中一個「主角」？

心情影響天氣，不是天氣影響心情

天色昏暗，行人沒趣，歎息不止，抱怨他每次來出行時，定必天氣惡劣。行人見和尚心靜，問和尚：「明天的天氣如何？」和尚肯定地答：「一定會是我喜歡的好天氣。」行人不解地問：「你怎知明天正是你喜歡的天氣？」和尚說：「我發覺塵世很多人慨歎事事不盡人意，我們也不能改變社會的大環境，所以我便以一種感恩、學習歡喜的心態去面對每一天。所以，我喜歡我的一切，也就知明天的天氣一定是我喜歡的。」

人在某時候可「人定勝天」，只要你可以做到心情影響天氣，而不是天氣影響心情。只要你能做到萬事也不影響你的心情，不論在做人上、人際關係上、商業上，永遠無往而不利。

畫家的故事

三個學徒在畫畫，老師問他們在畫甚麼。第一個畫家懶洋洋地說：「沒看到嗎老師？我在畫人。」第二個嚴肅地說：「我在畫不同的自畫像。」第三個充滿熱情地說：「我在畫世界上不同角落的每一個人。」十年後，第一個依然是寂寂無名的畫家，因為他做人隨心，漫無目的；第二個成為了畫自畫像的專家，很多人都找他畫人物自畫像，略有小成，但只局限在某一地區；第三個畫家的畫作享譽全球，世界各地的人都找他畫自畫像，沒有他畫不到的人。

心有多大，舞台有多大。即使做同一件事，如果抱著不同心態，結果也可以大為不同。世界充滿未知，只要夢想瘋狂一點，可以讓我們走得更遠一點。你會怎樣在商業世界建立屬於你的舞台？如果你相信某些事值得你人生去做，你就會全力以赴，不計代價地追求卓越。

做未做過的事，別人做過的事，你也可以做得更好。

作者簡介

文心

文心(know.the.inside)—「物色之動,心亦搖焉。」《文心雕龍·物色》。四時景色萬物之動,人的心亦動搖。

我心目中的商業是:歷史上的第一位億萬富豪洛克斐勒(John Davison Rockefeller),1839–1937曾說過:「如果你把我全身扒光了丟在沙漠裡,只要有一隊商旅經過,我就可以東山再起。」如果你能夠懂得溝通,而且懂得運用溝通技巧,這樣即使你一無所有,你仍可以擁有世界。心有多大,舞台便多大。

在眾多輔導手法中尤愛催眠與NLP,亦相信望道便驚天地寬,洞悉細情皆學問,唯人的內心永遠不可參透,而內在世界有無限的創造性。NLP原本就是不同的溝通大師與電腦程式專家所設計,不謀而合,我認爲其中一個奇妙可能性就是和局目子寫了這一本書。

他曾是Xanga專欄版作者,所作的文章在當時短短兩年內超過20萬點擊率。他除擁有社工榮譽學位,亦擁有法律榮譽學士學位的資格。他是英國註冊的心理學家、香港的註冊社工,亦持有法律深造文憑(GDL)(Commendation),以優異成績畢業。他也是沙田區傑出青年,曾獲《一百毛》訪問有關潛意識、夢境與催眠之事,曾從事禁毒、輔導中學生的工作。著作有《催眠師的筆記》、《酒徒與催眠》、《催眠師的世界:催眠·聯想·異次元》、《催眠師的秘技-戀愛心法》、《神經語言編程NLP通論——人際溝通》、《誰是「我」?催眠師所見的前世今生—揭露人類時空的歷史智慧》,亦出版學術論文餘篇,包括:〈從心理學角度探索中西方譯夢之異同〉,亦有針對催眠治療與應屆考生的應用,他也曾取得全港公開論文比賽季軍,以及在全港不同的徵文及創作比賽皆取得不少獎項。他亦曾在不同大學的研究生論壇講述催眠及心理學的專題講座,如:香港大學、香港中文大學、香港城市大學、香港都會大學、香港樹仁大學等。

文心爲中文及歷史學系哲學博士研究生,主研醫學催眠史。他亦爲香港大學法律系仲裁及調解碩士(擁有仲裁及調解員資格)、香港大學行爲健康碩士(碩士論文從事與催眠治療相關的研究)、教育文學碩士、國際醫學及牙醫學催眠協會(IMDHA)催眠治療導師、美國國家催眠治療師公會(NGH)催眠治療導師及國際神經語言編程聯

合會(NFNLP)導師。他就讀香港大學Master Course期間，在有關"Counselling and Psychotherapy"的學科中取得A grade 的成績。他很希望把不同的輔導手法融合，期望可以做到百貨應百客，奉行能幫到「當時人處理問題就是最好的方法」。他亦曾受邀到美國講學催眠，題材是"Hypnotic Text and Cultural Milieu in Late Qing China(from 1903 to 1912)"。

他亦醉心於武術，曾爲大學前武術學會主席，文武皆宜。他亦擁有專業調酒師資格，不能自醉，所以希望調出醉人的文字，先醉自己，後醉他人。

專業認證：
- 麻省理工大學：設計思維、學習管理及領導證書
- 耶魯大學：行爲心理學相關證書

履歷：
- 香港城市大學哲學博士研究生(主研中國催眠醫學史)
- 英國臨床心理學碩士研究生
- 香港大學法律碩士(仲裁及調解)：註冊調解員(The Accord Group)
- 香港大學行爲健康碩士(畢業研究論文針對應屆考生的催眠治療應用)
- 香港城市大學文學專業教育碩士
- 英國BPP Uinversity：法律學士，以優異成績畢業
- 英國 BPP University：法律深造文憑(GDL)(Commendation)，以優異成績畢業
- 英國心理學家協會(ABP)註冊商業心理學家、英國心理學家協會(ABP)成員
- 國際醫學及牙醫學催眠協會(IMDHA)催眠治療師
- 國際醫學及牙醫學催眠協會(IMDHA)發證培訓師及培訓機構負責人
- 美國國家催眠師公會(NGH)催眠治療師
- 美國國家催眠師公會(NGH)發證培訓講師
- 加拿大催眠學公會(PBH)發證培訓講師
- 美國催眠師協會(ABH)發證培訓講師
- 美國NLP機構NFNLP發證培訓講師
- 英國機構IBNLP發證培訓講師
- 香港心理衛生會(MHFA)精神健康急救學會員

作者簡介

局目子

萬變不離局。萬法不離目。子下通局目

局：世道萬變不離「佈局」，萬物的變化都是排列和佈局，「局」是萬變之母。人生如棋如局。

目：圍棋是萬棋之王，在棋盤中的相交點就是「目」，萬物的變化就在於交目。有交才有互，有互才有通，有通才是「緣」，所以萬物變化的軌跡和規律，就現於交流相交交互，一「目」中。

子：在圍棋中，落棋稱為「下子」，而下子就要落在「目」之中。所以無論世上有幾多好局好目都好！你一日不下子，就只是站在旁邊，只是看著，沒有投入過人生，就只是虛渡一生，可悲之。下子一步，局和目就現於眼前！多麼美妙！多麼浪漫！

所以「局目子」就是人生，是修行，是法門，是快樂。

和文心老師再次合著，是何等享受之事，有朝聞道夕死可矣之感！
其言之有力，如金石可破，使人深信世間充滿無限可能。

「局目子」出生於修行之家，小時曾有幸遇明師，從此修學內、外家武學，哲、道、醫等學說。

「局目子」著作有《樂問》、《心靈花園》、《活生不死》、《酒徒與催眠》。局目子為電訊學碩士及資訊科技學士，國際醫學及牙醫學催眠協會催眠治療師，加拿大催眠治療師協會健康及心靈催眠治療師，國際神經語言程式學聯合會高級執行師，加拿大催眠治療師協會證書頒授資格，美國國家催眠治療師公會催眠治療師。此外他是資訊科技人、畫家、武術家、催眠治療師和專業攝影師等。二十多年來在不同道場中說法和研究修行之理。「局目子」在文、武、哲、道、醫、科、易、拳，深有研究及心得，更是「尚武會」之創立人，教授武學及修德之法。

履歷：

- 在修行養生強生方面極有心得，「局目子」著作有《樂問》、《心靈花園》、《活生不死》《酒徒與催眠》》、《催眠師的世界：催眠‧聯想‧異次元》。
- 局目子爲電訊學碩士及資訊科技學士
- Hypnotherapist 催眠治療師
- Specializes in Drawing Psychological Analysis 繪畫分析治療師
- 國際醫學及牙醫學 催眠協會（IMDHA）催眠治療師
- 國際神經語言程式學聯合會 NLPMaster Practitioner（NFNLP, USA）
- Life Member of Professional Board of Hypnotherapy, Inc.
- 加拿大催眠治療師協會（PBH）健康及心靈催眠治療師，
- 加拿大催眠治療師協會（PBH）高級繪畫分析治療師，
- 加拿大催眠治療師協會（PBH）導師資格，
- 美國催眠師協會（ABH）註冊催眠治療師
- 美國國家催眠治療師公會（NGH）催眠治療師，
- 曾任香港專業教育學院（IVE）兼職講師

插畫師簡介

Emma Wong (IG：e16_emma)

　　Emma　Wong爲本地插畫師，幼兒教育實務畢業，專長於數碼插畫及手繪插畫。另外，她亦是IBNLP、NGH、IMDHA催眠治療師。在就讀中學期間美術科多獲全級第一名，以及曾多次於公開美術比賽獲獎，如：職安健心意咭設計比賽、衛生署舉辦的設計比賽、《中國少年兒童美術書法攝影作品》比賽，作品分別獲得三等獎及一等獎等。

推薦序1

It is our utmost pleasure to compose this foreword for Leslie. He has been an active member of The International Board of Neuro-Linguistic Programming(IBNLP)since his successful application and subsequent approval. We have witnessed his unwavering commitment to learning and the application of NLP, as demonstrated by his consistently outstanding academic achievements and presentations.

Given the exceptionally high standards he upholds, we were naturally thrilled upon learning that Leslie, along with his co-author Abby, had authored a book on the subject of NLP. Although the book is currently only available in Chinese, we have full confidence that its quality matches the level of excellence we have come to expect from Leslie.

We take great pride in endorsing Leslie's and Abby's book, as we firmly believe it will serve as a valuable reference for anyone seeking to gain knowledge about NLP. Being able to contribute to the development and dissemination of knowledge that supports the global NLP community fills us with immense pride.

Leslie serves as a shining example of the kind of dedication to learning that IBNLP strives to instill in its members, and we wholeheartedly wish him resounding success on his ongoing journey of learning and exploring the depths of NLP.

The International Board Of Neuro Linguistic
Programming (IBNLP)

| Website：https：//ibnlp.uk |
| Address：Floor 1, Office 25, 22 Market Square ,
London, England, E14 6BU |

推薦序 2

　　NLP的著作在香港極為罕有。為甚麼應用罕有呢？因為NLP（神經語言程式學）在1980年代在歐美興起，但在香港仍是一個不多人認識的市場。

　　要寫一本有系統、有理論、有實踐的NLP書籍已經十分艱難，而且要專論商業更是難上加難。我想起在書中我曾經看到的〈非洲賣鞋的故事〉，即是有危就有機，有人覺得因為沒有這類書籍，覺得市場不需；另一方面，正因為有服務缺口（service gap），所以這類書籍定可彌補市場之所需。

　　我非常榮幸為兩位作者的新書寫序。作為專業心理治療及催眠應用（香港）有限公司的創辦人，我們中心一直以來致力對於心理治療、NLP和催眠應用領域作出貢獻。

　　NLP在當今的商業和個人發展領域有著無比重要影響，而該書正是一個極具價值的資源，不僅為讀者提供了深入了解NLP的概念和技巧，還闡述了如何在市場策略、商業管理和人生教練等領域中應用NLP的方法和實踐。

　　兩位作者的專業知識和豐富經驗使這本書的理論堅實。他們的才華和見解必將啟發讀者，讓他們能夠更好地應用NLP的原則和技巧，實現個人和職業生活的成功和成長。

　　我深信，這本書將成為學習NLP的人們的寶貴資源，並對他們的專業發展和個人成長產生積極而深遠的影響。兩位作者的著作將在NLP社群中引起廣泛的關注和讚賞，並為該在香港的領域的發展做出一些重要貢獻。

　　最後，我衷心祝賀他們的努力和成就，並期待他們未來有更多的創新和成功。願他們的書籍能夠啟發讀者，引領他們走向更美好的未來。

　　希望兩位新作細水長流，出版更多NLP著作。

Valient Leung 梁智華
專業心理治療及催眠應用（香港）有限公司 HPHI EDUCATION LIMITED 創辦人
Facebook：專業心理治療及催眠應用中心（https：//www.facebook.com/hphi.health/）
Website：https：//www.hk-hphi.com/
Instagram：hphi_psychotherapy

推薦序 3

在現代商業環境中，成功的領導者需要具備廣泛的知識和技能，並能夠運用這些資源來面對市場的挑戰和機遇。這本書在NLP市場策略、商業管理和人生教練學方面提供一定的經驗和專業知識，為我們提供了寶貴的啟示和指南。商業在我而言，從來不只是商業這麼簡單，背後也有很多以人為本的精神。

眼見文心自從修讀NLP、社工後突飛猛進，到今天的商業心理學家，他能成功把NLP的不同理論及技巧實踐到生活中，與書的另一讀者局目子結集成書，令我非常欣慰。

研究神經語言程式學（NLP）對我們理解人與人之間的溝通模式大有裨益。作為鴻福堂集團主席，多年來我見證了有效的商業管理如何助力企業管理和業務發展。

本書以創新性視角，探討如何應用NLP於各個商業領域。其中強調身心健康、商業溝通和心錨技巧的重要性，與我長期秉持的客戶導向理念不謀而合。

此外，書中提倡的正面思維和內在動力訓練，也與我成為企業領導人的重要元素相呼應。只有以全面發展自我為目標，才能帶領團隊取得長遠成就。

誠然，紙上談兵是一回事，實際操作更需要細功縝密。不過，透過本書的介紹，讀者對NLP的應用將獲得啟發，為個人職場及企業管理注入新動力。

我謝寶達衷心推薦：《Big Deal秘技 NLP商業實務》，相信這本書將成為讀者在事業和個人成長道路上的寶貴資源和指南。讀者將從中獲得啟發，學習如何在商業領域中取得成功，建立有效的團隊和經營模式，並開展豐盛而有意義的人生。

祝願這本書取得巨大的成功，能推動大眾對NLP的認識，提升互商互動的水平，共建和諧社會，並帶給讀者無限的啟發和成長！

謝寶達

鴻福堂集團控股有限公司主席兼執行董事
香港餐飲聯業協會有限公司會長
香港廠商會品牌局理事
工業總會食品組委員
僱員再培訓局行業諮詢網絡委員會委員
香港工業專業評審局頒授2016、2018年度榮譽院士名銜

推薦序 4

我十分高興以多年金融保險管理及公職工作的身份，為這本結合神經語言程式學（NLP）精闢思想的新書撰寫序言。

在文心年青時，我見證他由修讀社工、法律，至今天的商業心理學家。他一直致力把不同的理論融合，並把不同理論實踐，與另一作者局目子一起創作獨一無二的NLP書籍，實在令我感到欣慰。

本書以富有創見的描述，詳細闡釋了如何運用NLP知識於商業策略、管理模式及個人成長教育各個層面，深入淺出地介紹了理論與實例。我認為尤其值得我們借鑒的，是書中提倡的積極正面的暗示，以及強調觀察事物本質精神的思想。

作為一名從事商業四十餘年的管理者，本人深知決策與執行背後，思維模式與心態調整的重要性。對我來說，NLP強調以人為本、瞭解他人的觀點與角度，也同樣適用於業務管理。相信讀者不但能在書中找到許多啟發自己的經驗，更可運用在與其他人的互動中。

這本書提供了一種全面融合理論與實務的思考訣竅，值得各行各業實踐推廣。我衷心祝願它能帶給讀者正能量及啟發，成為大家實現成功之路上的好伴侶。

蕭錦成

蕭錦成先生現為諾德保險經紀有限公司副行政總裁，專注大型企業及建造工程保險項目。他曾任職太古、匯豐及森那美等保險集團，具有超過四十年豐富金融及保險管理經驗。蕭先生亦為中國城鄉控股有限公司非執行主席；御佳控股有限公司獨立非執行董事；並出任專業心理治療及催眠應用(香港)有限公司暨身心語言程式學術中心首席外部顧問。

專業資格方面，蕭先生為美國人壽管理學院院士；澳洲及新西蘭金融保險學會高級會員、認可保險師；澳洲及新西蘭管理會計師學會資深會員、認可管理會計師；英國環保工程師學會會員；英國皇家特許建造工程會會員、皇家特許建造工程師。

蕭先生亦擔任中港澳不同公職，包括中國人民政治協商會議韶關市委員；澳門保險業專業人材協會執行委員；香港韶關同鄉聯誼總會常務副會長；香港童軍總會九龍地域副會長暨產業委員會主席；新界總商會常務會董；廣東社團總會會董；香港工業總會工業支援服務協會執行委員；國際扶輪3450地區會員事務副主席；及國際青年商會香港總會資深青商會顧問。

- 專業心理治療及催眠應用(香港)有限公司暨身心語言程式學術中心首席外部顧問
- 諾德保險經紀有限公司副行政總裁
- 中國城鄉控股有限公司非執行主席
- 御佳控股有限公司獨立非執行董事

推薦序 5

　　初時，兩位作者邀請我寫序，我猶豫了一回，因爲怕此書胎死腹中。衆所周知，NLP應用在不同層面，但如果專論商業，實在不易。此後，我再認眞翻讀本書，發現本書非常全面，本書融合行銷策略、管理學與人生教練理念，以實用方法介紹如何運用NLP於各個不同的商業領域及各個不同的情況。

　　兩位作者運用豐富案例分享其NLP培訓和諮詢心得，讓讀者能透過不同角度應用NLP知識，不僅可於工作中提升效率，更能幫助個人成長。

　　不論在商業或者在各個層面，NLP都強調以人爲本，注重身心靈全面發展。作者談到的「喬吉拉德法則」正好體現此理念。它提醒我們在面對各種挑戰時，既要靈活變通，也要時刻壯大自我。只有從內在開啟動力，才能發揮更大潛能，走向成功。

　　我深信透過本書的分享，讀者不但能獲得實用NLP策略及錦囊妙計，更重要的是培養正面積極的態度和思考模式。這正是NLP最重要的精神：用知識帶給人們轉變，爲個人和社會創造更多價值。我衷心期望本書能帶給讀者正能量及啟發。

Winson Kwok NLP應用專家、商業顧問
HKNLPACADEMIC CENTRE HKNLP身心語言程式學術中心
- 專業心理治療及催眠應用(香港)有限公司 & 身心語言程式學術中心首席顧問
- 美國加利福尼亞大學爾灣分校University of California Irvine(經濟學系)畢業
- 美國NLP機構NFNLP發證培訓講師及培訓機構負責人之一
Website： hknlp.info/online
Instagram： showmenlp/winsonkwok

Achievement 成就
Diligence 勤奮
Tenacity 堅持
Endless working hours 無盡的工作時間
Denials 否定
Compromises 妥協
Self-control 自控
Feedback 回應
Uncertainties 不確定性
Setbacks 妥協
Ventures 風險投資

Elo

自序（文心）

I have many problems in my life.But my lips don't know that.They always smile.

- Charlie Chaplin

你要接受一個現實：這個世界沒有人是必須要鼓勵你、支持你。
真正阻礙你前進的，只有你自己。
推動力往往是自發的，
如果你永遠要等身邊的人推動你才做，
那麼你可能一世也不會做。
你自己往往才是最大的阻礙。

"You have to accept a reality that no one in this world is obligated to encourage or support you. The only thing that truly hinders your progress is yourself. Motivation often comes from within. If you always wait for others to push you before taking action, you may never achieve anything. You yourself are often the biggest obstacle."

我舉家也是創業的，而大部份的生意及業務皆能做到可持續，而每一個事業都經營超過二十年以上，最少的也有十年，讓我深深體會到：**心有多大，舞台有多大這個道理**。

自小看著別人創業，我聽見最多的都是：
「你看看XXX，他是一個公務員……創業一定失敗。」
「你看看XXX，他是銀行的經理，收入肯定有保障……創業一定失敗。」
「這個生意一定不行的，你看XXX……創業一定失敗。」

說這些話的人應該也有一個很強的信念系統，也是NLP的反面「高手」。

自小我們已被潛移默化，自小我們便被催眠，自小我們已被人植入一些負面而極度嵌入式指令(Embedded Commands)(即吸收不斷重覆而植入了腦海的暗示)。

但我想說總大部份打工的人，都很少站著自己做老闆的思想去思考，如果我代入一位老闆的思考，可能會有以下想法：

其實創業收入可以無限大……其實創業可以有時間彈性……其實創業比起做單一工作，學到的更多……這個是觀點與角度的問題，在乎你用珍惜的眼光看世界，還是悲觀的眼光看世界。當一個人換了框架，他帶著新的框架看世界，世界盡在同。

我想在此再強調：做別人未做過的事，是NLP很強調的原則之一。但這個世界有很多別人都做過的事，而你只要把這些事做得更好，相信也可影響不少人。這個世上總會有一些新的想法出現。

在商業的世界裡，你必須要面對一個現實：沒有人是必須鼓勵你或支持你的。成功需要依賴自己的自我推動力。做任何事情，都需要一個強而有力的動力與動機(motivation)，只要你找到一點點的動機，你就已經踏出了成功的第一步。

NLP與商業絕對是息息相關，最大的關係是如何靈活運用溝通的技巧，舉一反三，觸類旁通。在過程中，你可能會遇到困難和挑戰，但當你懂得結合不同的技巧，拿來就用，即使面對這個快速發展和不斷變化的社會，你亦能揮灑自如。

在NLP的世界，沒有對錯，而你必須自己主動學習、探索和解決問題。你自己往往最大的阻礙是你的思想、恐懼或拖延可能阻礙你前進。

存在主義教了我：「人的恐懼是源於未知」。我在想：如果我們把未知變成知，世界會怎樣？因此，要在商業和NLP技術上取得成功，你需要培養自己的自我推動力，有著堅持不懈的目標和願景，並為之努力奮鬥。

馬雲曾言：「晚上想想千條路，早上醒來走原路。」

我想這是大多數失敗者的「座右銘」。他們每天也雄心壯志，但一起床也是走回舊路。

很多人敢想又不做，最後甚麼也沒有做。如果有夢，為何不做？

問題其實就是解決。這句話在我看來的意思是：當你未找到問題，問題根本就不是問題；但當你找到問題的時候，其實你內心已有解決方案，你只是想別人進一步確認你的想法。你應該會不斷主動學習並不斷提升自己的技能，直至真的找到解決問題的方法。

因此，要在商業和NLP領域中取得成功，你需要接受這個現實：**沒有人是必須要鼓勵你或支持你的，真正阻礙你前進的，永遠只有你自己。只有通過培養自我推動力與溝通能力，你也可以克服困難，實現自己的目標。**

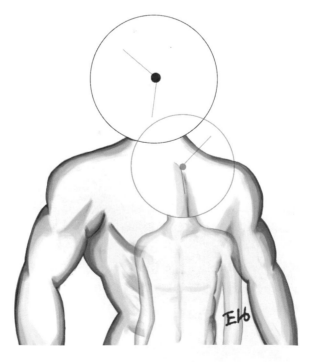

自序（局目子）

在瞬息萬變的商業世界中，成功的關鍵往往在於如何與人互動、如何理解他人，以及如何有效地傳達自己的思想。儘管現代商業策略與技術不斷地更新與演進，但其核心始終是人。而NLP（神經語言程式學）正是探索人的思考、行為和語言模式的一種工具，它提供了在商業場景中建立強大人際關係的策略。

這本書將帶領您進入NLP的世界，探索其在商業中的應用。無論您是企業領袖、銷售專家、市場營銷人員還是團隊合作者，您都將發現NLP所提供的策略和技巧可以提升您的互動和溝通效果。

首先，我們將解釋NLP的基本原理和其歷史背景，以助您更好地理解其價值和潛在力量。接著，我們將介紹如何使用NLP提升商業溝通、領導力、決策能力，以及如何應對變革。

您也將學習到，NLP不僅僅是關於語言和溝通，它還涉及我們的心態和潛意識信仰。透過探索和調整這些內部模式，您將能夠創造出更有效、更具影響力的商業策略。

最後，通過一系列的真實案例研究，我們將展示NLP在商業中的具體應用，從而幫助您將理論轉化為實際行動。

感謝您選擇這本書作為您的商業NLP之旅的指南。願您在商業場景中，透過應用NLP，達到前所未有的成功。

祝您閱讀愉快！

前言

NLP（Neuro-Linguistic Programming，神經語言程式學）是否FBI讀心術？如果NLP是一種讀心術，那麼我們便百發百中，做任何生意也會成功，這個世界也可能沒有窮人⋯⋯

NLP非神學、也非操縱術，更不是萬無一失的溝通術。

電影Top Gun《壯志凌雲：獨行俠》有一句非常精彩的對白：It's not the plane. It's the pilot.

在我們來看，NLP是否成功，就如一架飛機與機師。關鍵不在飛機性能有多好，飛得有多高，關鍵在於那一個機師在駕駛飛機，引領飛機導航。NLP往往在於人身上，而不在刻意而生硬地使用某些技巧。

一個80歲的老太婆與一個22歲初大學畢業的輔導員同樣去安慰一個失戀的人，誰會較有效？可能22歲的輔導員會嘗試試用不同的輔導技巧與失戀者溝通，能成功開解對方；而80歲的老太婆人生閱歷可能很豐富，看破世事，能化輔導於無形，用了輔導的方法而不知，不著痕跡，也能靈活地開解對方。我想說的是：輔導人心不是比武，而是溝通技巧、經驗與人生閱歷也缺一不可。

NLP是一種應用心理學和認知科學的技巧，可以提高與他人的溝通效率。

許多頂尖人物都運用NLP技巧。馬雲曾表示：在訪問和日常生活中經常使用NLP技術。

美國總統前總統奧巴馬（Barack Hussein Obama）、克林頓（Bill Clinton）、特朗普（Donald Trump）、世界首富與美國著名企業家比爾．蓋茨（Bill Gates）的顧問團隊和演講師也採用NLP。

NLP旨在提高溝通技巧並解決衝突。它提供一套程式化的方法來理解和影響他人。

NLP最主要的技巧包括：
1. 語言模式：學習使用正面的、帶有「魔力」的語言模式。
2. 話中之話：了解話語背後的真正含義。
3. 眼球動作：觀察對方眼部肌肉動作以了解對方情緒狀態。
4. 語氣與音調：採用合適的語氣和節奏以增強說服力。
5. 身體語言：運用適當的肢體語言與眼神接觸。

透過這些技巧，NLP可以有效地改善工作場所的溝通和合作，建立良好的人際關係，在銷售與談判中見效顯著。我們深信，如果你應把這些技巧有效地應用在商業管理當中，我想你會成爲一個「更成功」的領導。

NLP的發展及重要性：

一九七五年，美國加州大學語言學家約翰‧葛瑞德與電腦專家理查‧班德勒經三年研究，形成神經語言程式學（NLP）基礎架構。

他們吸收當時四位溝通與治療大師的理論知識，並運用策略引導和模仿的方式，快速學習並提煉精華，所以NLP一開始的配搭是電腦程式專業與輔導專業。

NLP整合神經學、生理學、心理學、語言學、溝通理論與腦控制學，是實用的應用心理學。廣泛應用在教育、輔導、治療及商界。

「**神經**」代表我們透過感覺處理外在資訊並作出反應。
「**語言**」代表語言和非語言的溝通方式。
「**程式**」代表排序和整理感官元素，形成某些模式與策略以達成目標。每一個人也可以爲自己編寫一條屬於自己的方程式，並加以應用及實踐。

NLP提倡模仿精英、建立親和力（rapport）與設定「心錨」，改善溝通策略並激發潛意識力量。

在商業上，NLP幫助企業：

1. 改善客戶溝通及銷售技巧
2. 增強談判力
3. 激發團隊合作和生產力
4. 訓練員工處理衝突等。

研究發現每一個人都有近一百四十億個腦神經細胞，而人腦只用了十分之一。人的腦袋裡儲存各種資訊，相當於美國國會圖書館的50倍或者是5億本書籍的知識。人的潛能應該是無限大，人應該有用不完的記憶，能吸收及學習人應該用不完的記憶，只要改善學習策略，就能實現進步。向成功者學習乃藉本之道。透過運用NLP改善溝通和互動，企業可以建立競爭優勢。然而也要確保技巧運用合理和合乎倫理。正正因爲NLP有無限方法，就好像讓我們前車可鑑，也讓我們站在巨人的肩膀上去看這個多變的世界。

第一章
NLP之戰無不勝篇

NLP學會簡介

在NLP的世界裡，有很多不同的學會，而大多學會都來自歐美，以下為一些學會的簡介：

IBNLP(UK)是一所英國的NLP學會，專注於健康科學、催眠、NLP、臨床及輔導心理學等領域發展，課程著重理論實踐及應用。

ABH(US)為Dr. A.M.Krasner 所成立，主辦NLP及催眠課程，由時間線治療創始人Dr. Tad James所創立，ABH是美國獲美國衛生機構認可之一的課程；NGH(US)為國際性催眠學會，已有超過六十年培訓催眠師之經驗。

ABP是英國商業心理學家協會(ABP)成員(協會為英國最大型商業心理學家註冊的機構)，此課程由ABP商業心理學家頒發證書。

IMDHA為美國國際醫學及牙科催眠治療協會，註冊此協會須完成220小時的催眠治療及心理輔導訓練。協會不乏醫生、護士、心理學家、社工等註冊。

NFNLP為美國NLP協會，由Dr. William Horton所創。Dr. William Horton為美國臨床心理學博士。協會為美國NLP最大型學會之一。此外Dr. William Horton亦為NGH的早期成員，所教授的學員超過三十個國家。

NLP在商業應用的三大口訣

NLP技巧對商業溝通非常重要。**同步(pacing)**和**模仿(mirroring)**可以很快建立共鳴和信任。這為配合(matching)和引導(leading)奠定基礎,後者指略為改變自己的行為以配合及最終引導對方。

Pacing 同步 ⟶ Mirroring 模仿對方(如:遣詞、動作、呼吸)
Matching 配合 ⟶ 與對方採取相同外在行動與說話方式
Leading 引導 ⟶ 改變自己的說話/行為模式
⟶ 誘導對方進入自己的行動/思考的過程

研究顯示大部分溝通來自身體的非言語語言。

加州大學洛杉磯分校心理學麥拉賓教授Albert Mehrabian指出:

人有55%溝通靠的是肢體語言、38%來自語調,只有7%才是來自我們所說的話。

在商業上,同步和模仿可以幫助你與客戶、合作夥伴建立聯繫。

在一開始,你可以嘗試模仿對方的詞彙速度、修辭方式和姿勢,從而建立同理心和親近感。當對方更願接受你的想法時,你可以嘗試慢慢改變你的腔調和話語內容,同時繼續模仿對方的行為。

同步和模仿都是一種非語言的導入,因為那是一種不直接卻有吸引力的方式引導對方接受你的看法。這絕對比起一開始直接地說出一些指令或堅持固有的立場更為有效。人們會更易接受自己部分想到的觀點,而你要做的是同步他們。

運用同步和模仿等NLP技巧，企業可以改善客戶聯繫、談判和溝通。受訓的員工可以解決衝突、拓展業務、激發團隊合作和生產力……

同步和模仿提供一種細微但有力的方式建立親近感、影響他人及實現目的。

最偉大的催眠與NLP專家米爾頓・艾瑞克森 (Milton Erickson)

衆所周知，NLP其中一位偉大的研究對象就是艾瑞克森(Milton Erickson 1901-1980)，談起這個人，我們很多時候也只是集中在他的技巧，而忽略了他的故事。其實他的故事，本身也是極爲勵志，絕對值得每一個人也參考。

艾瑞克森自幼就有讀寫障礙、色盲和聽力問題。他更在17歲時患上脊髓灰質炎並癱瘓。

1918年他癱瘓後，家人都不看好他，連醫生都告訴他的家人，他可能很快便會離開這個世界，但他卽使在房間裡面對四面牆，仍堅持想像每天會看到日落。他原本17歲便很可能離開這個世界，但憑他的驚人意志力，最終也能夠活到79歲。

在1928年，他憑自身努力取得醫學和心理學學位。

在1934年，他成爲了密西根州精神科主任和大學心理學教授。

在1952年，他卽使身體承受萬般劇痛，脊髓灰質炎復發後，他繼續見私人案例，繼續研究催眠。

在1957年，他成立(American Society for Clinical Hypnosis)。

在50年時間他治療了近3萬名案例，相信也是很多人的集體回憶。

艾瑞克森雖然身體殘疾但仍延續他的治療事業，如他會把自己的缺點變成弱點，如：因為色盲，**他常穿著紫色的顏色，讓人一定記得他，而紫色在很多文化中都是貴族的顏色。**又如：他有點口吃的問題，正正如此，他能善用語調的停頓，甚至大小的聲音而靈活運用，化腐朽為神奇，正正就是NLP的精神。

在商業上，艾瑞克森的故事啟發了我：
1. **即使手上條件有多壞，他仍能時刻自我催眠，想像如何面對困境，把缺點變成優點。**
2. **他常利用頭腦克服局限，展現潛力。艾瑞克森便是克服自身的身體限制，成為大師。**
3. **建立屬於自己的風格與方法，所以艾瑞克森經常強調善用原則（Utilization）與個案的獨特性。**
4. **制訂適合自己的策略解決問題。**
5. **找到潛意識的動力實現目標。**

艾瑞克森突破自身的身體極限，不按常理出牌，無所能及。他透過自我發掘的方式，克服了重重困難。他的事跡向我們展示了：在你以為未開始治療時，其實已經開始。換句話聲：NLP最高的境界是，在你以為未開始銷售時，其實已經開始了。這正正是NLP在商業中的價值所在。艾瑞克森治療理念在商業中的啟示：

傳統心理治療著重發現問題源起，艾瑞克森則較少關注問題。他常認為「**生命是活在當下，導向未來**」，表示不需要強調問題也能解決，只要能找到一些方法，問題可以處理。他認為我們**每個人都有潛力，只是我們未必知道。**

潛意識就像一間全黑的房間，而人身在在此，只要在全黑的房間開了一絲

光，而那些光便是我們的潛力，我們的潛意識，只要我們繼續光一直走，就會找到答案。

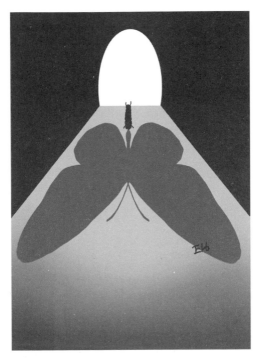

　　艾瑞克森在與個案對談時善於用自然催眠和間接溝通的方法，悄悄給予案主幫助。他常把問題的機制，也當作解決問題的機制，假如你有幻想過失樂，即使你也有幻想過快樂。肥胖對很多人來說是一個問題，但你可以換句話來說：正正因為身體的龐大，才有力氣去保護別人，擁抱別人。

在商業上，這些理念有以下啟示：
1.不需要強調問題，才能解決問題。培養積極思考，挖掘潛在效益。
2.聚焦未來與目標，不停留在現狀。
3.人人也有潛能，只是他自己也不知道。

4.找到問題，用問題同一時間產生新的機制。有問題的時候，同一時間也要去想解決問題的方法。
5.善用間接溝通，化NLP於無形，增加說服力。

Milton Erickson的五大語言法則與商業應用

即使你很熟悉商業，但你未必聽過米爾頓‧艾瑞克森Milton Erickson，他被譽爲「現代催眠之父」，亦是NLP功不可沒的一人。

Milton Ericson的語言框架，千變萬化，有人歸類多於20種以上，一些美國的催眠教材指出有10多種，衆說紛紜，也讓人難以記得。以下，我會列舉當中**五個常用而且極實用的技巧**，只要我們靈活運用，相信可讓我們在商場上百戰百性。

NLP技巧在商業上的重要性：

1. YES SET（肯定預設）

先描述事實環境讓對方產生「肯定」的內在狀態，然後引入目標。一般而言，YES SET需大於6句才有效，可以建立共鳴，再啟發想法，且看以下例子。

例子1：
你現在正看此書，
讀著這些文字，
同時你亦在呼吸新鮮空氣，
也用你的腦思考著這些文字，
你的眼或者在眨，
現在你更加發現學習Yes Set其實很容易，

因為你已學懂了。（**目的：學懂Yes Set**）

例子2：

香港是金融社會，

大部份人也最少具有中五學歷以上，

懂得去分析事物，

很多人也深深明白投資的重要性，

尤其是經歷過不同的金融危機，

香港人更關心自己的儲蓄存備是否足夠應付日後生活所需，

所以適當地買一些投資產品也是無往而不利。（**目的：投資產品**）

　　如果你對事物本身就很抗拒，Yes set不一定成功，重點在使用Yes set大大提高了成功的機率。YES SET可以先建立共鳴再傳達想法，促進交流。

2. 負面指令（Negative Commands）

　　對不合作的人，我們可使用「不」字作開頭的指令，利用潛意識產生「接受」的特性。

例子1：

你千萬別想一隻紫色的狗，

千萬千萬別想一隻紫色的狗，

因為這個世界並沒有一隻狗是紫色的，

又或者這樣說：紫色的狗不會存在這世界上，

所以大家千萬別再去想像這隻紫色的狗。

（**目的：明明叫對方不要想，但是其實是在提示對方想紫色的狗。簡單來說，就是我們常說對方口不對心。明明很在意別人，卻口裡說不。**）

例子2：
我不是想在此推銷的的產品，
因為只是推銷產品很低層次；
又或者這樣說：你買不買產品對我來說不重要，
因為無論你買甚麼產品都希望是對於你來說是有幫助的，
所以你千萬千萬不要隨便就買產品，
而是需看看這些產品的成份以及產品的功能⋯⋯

（目的：如果這技巧你運用恰當，應對一些比較抗拒的客戶，用「不」字作開首可讓對方放下抗拒，但同時你亦不斷把重要的詞彙植入對方腦海。）

3. 嵌入式指令（Embedded Commands）

嵌入式指令就好像植入式廣告，當一段說話不斷重複重要的詞彙，就可以讓對方的潛意識不知不覺接受了（**當然也要用得其所，說得讓人接受**）。

世界最著名的銷售大師是喬吉拉德（Joe Girard）。他只用15年的時間，共銷售了13001輛汽車（每次只賣一輛）。這項壯舉被《吉尼斯世界記錄大全》收錄，並稱他為「世界上最偉大的銷售員」。

喬吉拉德用的方法很簡單，只是名片滿天飛，對任何一個人也極力推銷。

名片是商業上不可或缺的工具，但喬吉拉德的使用方式與眾不同：喬吉拉德會四處派發名片，並把名片夾在賬單中、每到運動場上，喬吉拉德亦將名片撒向空中，讓不同的人有機會拿到。

名片像雪花一樣在運動場的每個角落飄，仿佛漫天飛舞。或許你對這種做法感到奇怪，但喬吉拉德認為這種方法幫助他做成了一筆筆交易，這就是常「彈出彈入的魔力」。常言：重覆的話最少說三次；成為一個習慣需要21天；成為一個專家需要一萬小時；經常曝光會讓人接受，即使一開始可能毫無印象或毫無好

感，只要慢慢讓人適應並接受，你也會變得「順眼」，你也可以變成喬吉拉德。

喬吉拉德相信：每個推銷員都應該努力讓更多人知道他們在做什麼，銷售的是什麼商品。這樣，當他們需要這種商品時，就會想到喬吉拉德。喬吉拉德的散發名片的方式非同尋常，人們不會忘記這樣的事情。

當人們購買汽車時，可能也會有一種像「雪花飄的感覺」。當人買車的時候，很自然就會想起那個散發名片的推銷員，想起名片上的名字：「喬吉拉德」。同時，重點在於有人就有顧客。你要讓你的觀眾感覺你的存在感，知道你在哪裡，你在銷售的是什麼，你的目的是甚麼，你又想給予你的顧客怎樣的感覺，你就有可能獲得更多生意的機會。

這種名片散發的方式是否適用於現代的數字時代？

在過去的幾十年裡，互聯網和社交媒體的興起改變了我們的生活方式和商業環境。現在，人們更多地依賴網絡和數字平台來尋找產品和服務。因此，喬吉拉德傳統的名片散發方法可能不再適用於現代推銷。現今，在線營銷、社交媒體宣傳和數字廣告等數字化推廣策略成為了主流。企業和推銷人員需要適應這個數字時代，利用互聯網和社交媒體平台來建立自己的品牌形象，宣傳產品和服務。但舉一反三，互聯網是否沒有渠道可如喬吉拉德的方法？Facebook、Instagram、網頁、YouTube？

這不是說傳統的名片已經完全過時，而是說我們應該將傳統和數字化手段結合起來。例如：在社交媒體上分享名片設計，建立個人網站或線上商店，使用二維碼讓人們輕鬆地掃描和保存聯絡資訊。但是如果我們配合這個技巧時可以想得再嵌入式一點，如你可以嘗試寫一篇一千字的文字，在文中必須不刻意提及NLP，但卻在用NLP的技巧，看看自己可以寫到多少。

簡單而言：重覆特定訊息讓對方潛意識無意識接收。你可以試這「彈出彈入的

魔力」。

　　把書合上，然後我問你一個問題。你還記我那個銷售家的名未嗎？他的名字有點難記，但我多次提到，應該已經記得了。

喬吉拉德法則：

　　喬吉拉德作爲銷售的高手，世界最最一流的銷售員，他的個案極值得我們研究。我將其手法稱爲「喬吉拉德法則」。

　　他經常激勵自己、培養積極心態的方法。這個法則的核心在於透過內心對話，喚起自己的正面回憶和情緒，以達到積極的心態和自我驅動的循環。

　　以下句子改寫自喬吉拉德的原型，其實你也可把這些句子每天嵌入式地放進你的大腦：

1. 我喜歡那個充滿成就感的自己。我體驗過自信時所展現的耀眼光芒。
2. 我擁有熱情洋溢、不怕付出的拼搏精神。
3. 我喜歡被衆人尊敬和讚賞的感覺。我享受被大家依賴和信任的心情。
4. 我有勇往直前、無所畏懼的勇氣。我擁有非凡的耐性，超越常人的忍耐力。
5. 我擁有豐富而靈活的經驗，能夠應對各種情況。我對一天結束時一切順利的感受深感愉悅。
6. 我喜歡全力以赴獲得勝利後，完全放鬆的愉快感受。我愛上自我突破帶來的快感。
7. 我記得自己樂觀主動，能夠感染他人的行動力。我熱愛朝著目標努力，全心專注的感覺。

8.我不斷進步，每一次都感受到進步的喜悅。

9.我記得自己堅定而堅強的眼神。

10.我記得自己創造奇蹟時的模樣。

這些句子保留了喬吉拉德法則的精神，可用作內心自我對話，激勵自己並啟動積極的心態。你要做的就是不斷與自己說，鼓勵自己，為自己帶來源源不絕的能量。透過這些語句的使用，可以幫助人們在情感上更積極地調整自己。

自我對話可以被視為一種認知重組的方法，其中人們通過改變他們的內部對話和信念，來改變他們對自己和周圍世界的理解。在NLP中，認知重組是一種心理療法方法，通過改變負面的思維模式和信念，來促進個人的健康和幸福感。

語句選擇和情感影響：喬吉拉德法則中的語句選擇是關鍵的，它們應該是能夠喚起強烈正面情感的回憶。這種語句選擇的觸發作用可以被視為情感影響的一種形式。

你可以用NLP的方法體驗喬吉拉德法則：

1.憑直覺選擇幾句話，可以根據當下需要或者使用抽籤的方式來決定。

2.搜索具有強烈感受的回憶，強調回憶的真實和強烈程度。回憶應該是真實發生在你身上的，避免談及虛幻的未來。回憶可以是各種積極正向的經歷，例如：成功簽一份重要合約、以低價買入一間房屋等。也可把這些感覺分等級，如滿分為10，這個強烈的感覺是多少？分數越高，你的感覺越大。

3.認真體驗這些回憶，努力讓自己身臨其境，感受其中的情感和情緒。身歷其境意味著你的身體真實地產生反應和情緒，例如：快樂、好奇、感動

等。這些身歷其境的體驗可以成為你改變和調整的動力，情緒越貼近當哈情景，改變效果越好。

4. 將這種正向的感覺用手捧到你的心窩裡，感受存檔時身體的感覺。將這種好的感覺深深地刻在你的內心中，讓它成為你積極心態的一部分。

5. 繼續進行下一句，重複以上步驟，讓每一句話都能夠帶給你正面的回憶和情感體驗。持續使用這種方法，你會發現自己能夠更好地激勵自己，並培養積極的生活態度。

正面指令和嵌入式指令可以影響不想合作的對象，令其對你的目標慢慢接受。

4. 讀心術（Mind Reading）

這是聲稱自己知道別人所想的，而不需解釋得到結論的方式。這也是與客戶同步的大好方法。

這個口訣很簡單，只要把自己代入在這個想法中：「我知道你在想甚麼。」

所謂的讀心術非自作多情，而是像你就是客戶的血液，在他的身體裡流動。

客戶帶著家人，一個兒子正拿著超級英雄的玩具，想買一個電視，你可以說：「我在想如果在你家中有這個電視，當一家人坐著一起看的時候，就可以像在戲院一樣。你的兒子最喜歡超級英雄片，這樣就最好不過了！」

再用上一些「因果」，可以是毫無關連的因果，如：

a) A > B 造成

你的家人眼睛的健康很重要，比起電視便宜與否來得重要，因為差劣的電視可能會有損眼睛。

*（其實電視與眼睛未必正面關係，與電視保持一定距離也可預防近視。但這樣說客戶聽來可能覺得非常有道理。）

b) 如果……然後

如果你買了這個電視，然後你可以不會再去電影院。

*（其實買了這個電視，也可以去電影院，但你確立了現象必然性，爲客人提供了多一個思考方向。）

c) 因爲……所以/當你……然後你會……

因爲你思考，所以你成長。

*（這是很容易理解的一句，但當你細心地想，其實兩者並無關係。）

因爲你買了這個電視，然後你就會擁有這個系列的最高科技產品。

*（電視與最高科技產品未必有太大關係，而且不是人人也想擁有。但對於一個買電視的顧客，可能他眞的有需要購買。）

d) 我在想……

我在想：「如果我是你，我買這部電視，放在客廳中，加上電視的音響，可以傳播整個家，效果一定很好……」

我在想：「如果今天你買了這個電視，你的家一定多了更多娛樂，令你家人更放鬆。」

使用「我正在想」讓對方潛意識專注你的訊息。因爲比起只說你買了這個電視更多了一個層次。用「我正在想」會讓對方也代入你的角度去想問題。用「我正在想」讓對方專注，更易說服。

5. 雙重束縛（Double Blind）

有人說這個詞由Gregory Bateson（葛雷戈里·貝特森）語意學者命名。但在Milton Erickson的語境裡，也常見這個結構模式。

這個名詞看來複雜，其實理解很簡單：就是提供兩個選項讓對方覺得有選擇，但實際上兩個都朝向我們的目標。

如果顧客也非常滿意這部電視，卻又還有一點猶豫，你可以說：

1. 你想我介紹完這部電視，你才付款買這部電視，還是你先買這部電視我才繼續
介紹這部電視？
2. 你會選擇這個款式的電視，還是選擇更豪華的版本呢？
   ***(有些商家會首先降低你對產品的期待值，再提供一個「更好」但仍低於平常的
   方案。讓你產生比較，進而購買。)**
3. 你會選擇買完這個電視才買其他配套如：喇叭，還是你先買其他配套，再付款
買這個電視？

上述情境中隱藏著NLP(神經語言程式學)在商業中的應用：

這種建立需要親和感與信任，是許多商業活動運用的手段。他們先限制你的
選擇，再提供一個「解決方案」，導致你產生購買動機。

雙重束縛雖然未必會成功，但可讓你的方案比較可接受。

在商業上，這些小技巧可以加強說服力和影響力。有助銷售、談判、培訓和
團隊管理等。以上NLP技巧有如下價值：

- 增進溝通和說服力
- 影響客戶和他人
- 改善交流與合作
- 激發團隊合作

當然，這些技巧只有在正確和合理運用時，才能帶來正面的影響。技巧取決
於你的動機和目的。

第二章
NLP商業魔法之講故事與法則

最強的商業，往往是品牌與觸動人心的故事。

NLP與講故事

常聽：「無商不奸。」這句話很多人也會說，但說出來是否有威力？商如何奸？有沒有不奸的商？如果要表達商很奸，應如何表達？語言有種威力，威力在於如何說出你的故事，而說故事最好的方式就是隱喻（Metaphor）。

「恰當地用字極具威力，每當我們用對了字眼……我們的精神和肉體都會有很大的轉變，就在電光石火之間。」——馬可‧吐溫（Mark Twain）

「隱喻可能是人類最具有豐富潛力的能力之一，它的創造力就像魔法一樣，是造物主賜予人類的特殊禮物。」—— 赫塞‧奧爾特加（Jose' Ortegsay Gasset）

NLP最強調的就往往是心態、價值影響一切。在艾瑞克森的催眠裡，非常強調間接催眠，無形溝通及使用**隱喻（metaphor）**的方法。我個人其實極度喜歡隱喻的方法。說別人是奸商太直接，如果給我來演繹，我會把它說成是：這個商家流的都是**鱷魚的眼淚。（我想這個隱喻應該有其獨特性，非人人也會這樣說。）**

人們常認為鱷魚的眼淚代表著虛假的同情心和假裝的悲傷。這種看法源於一個誤解，認為鱷魚在吞食獵物時會流下眼淚。不過，事實並非如此。實際上，當鱷

魚久留水中時，眼睛會變得乾澀。此時它們的淚腺就會分泌眼淚，爲眼球輕微潤濕，緩解乾澀感覺。這樣才能正常保持視力。所以所見的「眼淚」，只是它們生理性保濕眼睛的自然反應，與情緒無關。過去人們對此的誤解，是源於對鱷魚行爲和生理作用的不了解。

所以如果以鱷魚的眼淚來比喻商家的行爲，可讓人引起不同的聯想，非只是一個奸字那麼簡單。

NLP強調掌握語言的力量。正如馬可·吐溫所言：「恰當地運用語言能產生巨大影響力」。隱喻富有創造力，是人類獨特的天賦。

NLP亦特別重視隱喻的應用。隱喻讓抽象的概念具象化，能高效地傳達信息和想法。

在NLP看來，隱喻背後蘊含整套信念體系，正確的隱喻能打開思維的局限。它們會深深影響個人心態。因此，必須謹愼選擇正面積極的隱喻。單一隱喻容易形成思維定式、限制思考。NLP建議適時地採用不同隱喻，以豐富個人經驗。如果你懂得說故事，它們能深入潛意識，產生巨大的內在影響力。NLP可以幫助我們分析和理解隱喻的含義，並在語言處理中運用隱喻的力量。透過NLP，我們可以更好地應用隱喻，使語言更具說服力和影響力。因此，了解和運用NLP可以幫助我們更好地處理和應用隱喻，以達到溝通和影響的目的。

容我嘗試以隱喻的方式舉出商如何奸，以下我會演繹其中一例：

打斷你的腿，再給你一副拐杖，然後告訴你，沒有他你連走路都走不了，所以你要學會感恩。——魯迅《華蓋集·雜感》

正如前所言，NLP的口訣在於同步、模仿、引導，我也把這句修改爲千百句，以下爲其中一例，舉一反三，甚至可改成英文：

把你的燈拿走了，再給你一枝蠟燭，然後告訴你，沒有一點火你連光也看不到，所以你要學懂感恩。

Taking away your lamp and giving you a single candle, then telling you that without even a little flame, you wouldn't be able to see any light. Therefore, you should learn to be grateful.

有一次我受傷，到一間有數間分店的物理治療中心，剛巧所有物理治療師也被預約，然後老闆(也是物理治療師)親自招呼我，他甚麼也沒有說，他的第一句開場白讓我極難忘。他說：「你不需告訴我哪裡受傷，我只是想聽你受傷的故事。你的故究事是怎樣?」我即時好像找到了知音，心裡想像這個物理治療師應該學過NLP，然後我陪他玩玩，想了想，用隱喻的方式告訴他：「我的故事是從潛建開始的，腰的故事就好像斷了的橋……」正如：艾瑞克森(Milton Erickson)最擅長的就是講故事。他會賦予一些名稱給一些人，如：一個抑鬱但極喜愛紫羅蘭的老人，他會叫她紫羅蘭皇后，最後讓她重拾希望；連吃東西，他也會用隱喻，他會說：這是普羅旺斯的味道!(法國東南部的一個地區，此地物產豐盛，充滿陽光，而風景極美，從古希臘、羅馬時代遊客無數，薰衣草花田更是其特式。)這樣說有甚麼好處?如果只說很好吃，如你跟別人說魚有魚味，雞有雞味無別(即是沒有說過)。相反，說普羅旺斯的味道就讓人想起不同層次的味道，可以是薰衣草的味道、可以讓人想起法國、可以讓人想起由故至今的歷史、可以讓人想起普羅旺斯的美酒、美食與風景……

這正正呼應艾瑞克森的治療方式：「你們(案主)是來我們這裡分享屬於你們的故事，然後踏出這個門口改變故事的結局而已。」

成功人士講成功的故事。
失敗的人講失敗的故事。

最後，我忍不住反問那物理治療師，我也想聽聽你的故事，你是從那麼學懂這

些說話技巧？他說：「做物理治療師，也要懂得少少NLP與催眠，如果不是怎樣出來「搵食」？」老闆果然是老闆，老闆也要懂一點NLP，高手果然在民間。

*搵食是粵語中謀生的意思。

將隱喻放於人生中：

有很多人在管理上或商業上都面對一些衝突或困難，這個時候我會鼓勵他們積極面對，而不是逃避隱世，因隱世並不是世界上唯一的解決方法。

王陽明（明代最傑出的心學家）在流放時，他會反問自己：「**聖人處此，更有何道？**」如果聖人也同樣遇到相同的情景，他們會怎樣做呢？

首先，在遭遇困難無法突破時，不妨從更高明的前人那裡尋找啟示。就像企業家在迷途時，可以思考某位創業家的處世之道，就如：如果像馬斯克（Elon Reeve Musk）的狂人在此，你的生意又會變得怎樣？此舉可以擺脫局限，為脫困找到新思路。

就是在這個過程中，陽明思考到「聖人處此」。這表明了他已不再滿足於知識的保留，而是通過與聖人對話，從實踐層面思考問題，找出突破口。

當在商業上遇到一些不如意的事，你大可以有以下這樣的想像。以下的想像只提供一個方向，你亦可以想像不同名人的句子或者場景，然後代入：

正如愛因斯坦曾言：

現實不過是幻象，儘管這幻象揮之不去。

Reality is merely an illusion, albeit a very persistent one.
                                        - Albert Einstein

無論甚麼時候，就當自己生活在外太空吧，就算四周全是不知名的怪物，你也可對怪物的行爲無需理會，也無需對怪物的行爲產生任何的興趣。

心態決定一切。自己才是自己最重要的NLP高手。

Magic number 與Magic Words

這兩個絕對可以是一個起死回生的商業技術。

魔術數字(Magic Number)

魔術數字理論(Magic Number Theory)是由心理學家 George Miller 在1953所提出的。人很難同時接受太多資訊，當接受太多資訊時，我們思緒會變得混亂，慢慢你就會不假思索，吸收所有東西。George Miller發現我們腦海的短暫記憶只能夠吸收到5至9「類別」(Chunk)的資訊，或稱爲7+/-2(七加減二)方式。即使有些人以五爲下限，他們的極限也只爲九。一般而言，太多「類別」的資訊出現，我們的大腦會變得混亂又或者不能兼顧。

試想像，你在看着這本書的同時也在思索着我的說話；電話突然響起，你正準備接聽的時候卻不小心打翻了一杯水；你的家人打開了電視機，內容非常吸引；此時，或者你已經忘了一開始要做些什麼。當我們專注處理一件事的時候，意識只可意會到7+/-2「類別」(Chunk)的資訊，而其他的則未必能處理。因此，我們的大腦會開始把別的事情全都吸收，不假思索，繼續依照事物本身作發展，「見步行步」。

你可以同一時間處理多少件事？

節錄自：(文心、局目子：《催眠師的世界：催眠·聯想·異次元》，頁42 -43。)

同一個袋，爲何在百貨公司標價，比起街上平平無奇的店可能多於兩倍，你也

會購買？

想像一下，你走到一個百貨公司，有天花亂墜的品牌，播著不同令人放鬆的音樂、你聞著這間百貨公司獨有的香水味道，各式各樣的奢華品讓你無從入手，可能你只是想買一個手袋，但在百貨公司裡，同款的手袋已經有超過十個。最終，你走入一間心儀的店，你不斷挑選，不斷比較，你的伴侶已顯得不耐煩，不斷和你說抱怨的話、銷售員不斷拿出更多不同款式的手袋、同一時間，你的朋友也在旁給予不同的意見……可能你已經信息超載處理不到太多的東西，最後你挑選了服務員所說的「最新款」手袋。當你結帳時，旁邊的顧客又在討論不同款式的袋，誇讚某款式很特別，而且限量，你正偷聽他們說話、此時銷售員問你用甚麼方式結帳、另一銷售員又跟你說入會的資訊，當你入會就可享有更多折扣、此時你的朋友又正在想其他袋想問你的意見……一連串的操作，讓你的大腦開始變得「緩慢」，放下過多意識的批判及抗拒，最後你可能選擇了入會、為了享用更多的折扣又買了旁邊顧客所誇讚的袋……

但當你買了兩個袋後，步出了百貨公司，靜靜回想，你可能已經開始後悔……這就是Magic Number的威力。

Magic Words
Magic Words顧名思義指魔法用語，甚麼叫「魔法用語」？一學就懂。

當然，以下是在NLP中常用的20個「魔法用詞」，以及它們在商業場合中的應用例子：

1.想像
例子：「想像一下，我們的公司在接下來的一年內實現了兩位數的增長。」
2.因為
例子：「我們應該優先這個項目，因為它具有最高的投資回報率。」

3.現在

例子：「現在是我們改變策略的最佳時機。」

4.感覺

例子：「你會感覺這個產品在市場上有多大的潛力嗎?」

5.知道

例子：「我知道這個改變可能有點突然，但它是必要的。」

6.可能

例子：「我們可能會在下一季度見到更多的客戶流失，除非我們現在就採取措施。」

7.和

例子：「我們需要提高產品質量，和我們也需要考慮降低成本。」

8.當……時

例子：「當我們達到這些里程碑時，我們就可以考慮擴張。」

9.記住

例子：「記住，客戶滿意度始終是我們的首要目標。」

10.信任

例子：「我們必須建立客戶對我們品牌的信任。」

11.發現

例子：「通過數據分析，我們發現了這個問題的根本原因。」

12.讓我們

例子：「讓我們一起來解決這個問題。」

13.轉變

例子：「這個行業正在迅速轉變，我們也需要適應。」

14.真實

例子：「我們需要真實地了解我們的競爭優勢是什麼。」

15.優勢

例子：「我們的主要優勢在於我們的創新能力。」

16.同意

例子：「我相信我們都同意，這個方案有其優點。」

17.機會

　　例子：「這是一個巨大的市場機會，我們不能錯過。」

18.承諾

　　例子：「我們承諾在三個月內解決這些問題。」

19.一起

　　例子：「只有大家一起努力，我們才能達成這個目標。」

20.結果

　　例子：「我們的最終目標是達到具體、量化的結果。」

　　請注意，這些「魔法用詞」並不是萬靈丹，它們的效果取決於上下文、語氣和其他溝通因素。但正確和適時的使用，確實可以增加語言的影響力。**你能想到一些屬於自己的商業「魔法用語」嗎？**

　　相信很多人也聽過「非洲賣鞋的故事」。

　　假設現在的情境是：一家創新型鞋業公司意識到非洲地區存在著巨大的鞋履需求，並且他們希望以可持續的方式填補這個市場的空缺。這家公司派遣了兩位銷售員前往非洲，他們的目標是瞭解當地的文化、需求和可行性，並尋找創新的解決方案。

　　第一位銷售員，銷售員甲，深入研究當地的情況後，發現許多當地人並沒有穿鞋的習慣。他也了解到當地經濟狀況不佳，許多人無法負擔昂貴的進口鞋款。銷售員甲認為這是一個困難的市場，因為缺乏需求和購買力。

　　然而，第二位銷售員，銷售員乙，對於這一情況持有不同的看法。他認為這是一個巨大的機會。銷售員乙意識到，雖然當地人民可能沒有穿鞋的習慣，但這不代表他們不需要鞋子。他們可能需要鞋子來保護腳部免受傷害、提供穩定性和衛生保護。

銷售員乙也認識到，傳統的製鞋模式可能無法適應非洲的需求。因此，他開始尋找創新的解決方案，例如使用當地可持續材料，利用本地人才進行生產，以及設計適合當地氣候和文化的鞋款。

就是這樣，銷售員乙最後成功開拓了極龐大的非洲市場。

這個「非洲賣鞋的故事」強調了創新和可持續性的重要性。它提醒我們，當面臨新的市場時，我們應該放下先入為主的觀念，以開放的心態尋找機會。透過創造性的解決方案，我們可以尋求無限的發展機會。

每一件產品都在於觀點與角度。如果你能夠填補助服務缺口（Service Gap）。做人之未做，補人之不足，整個世界也可以大大不同。

文字、語言、表達也有一種魔力。關鍵在於你如何用這些Magic Words。

且看以下情況：
有一個客戶抱歉中環租金又舊又貴，而位置不方便。我們可以怎樣使用Magic Words？嵌入式指令（Embedded Commands）？或者其他NLP手法？
*中環是香港租金最昂貴其中之一個地方。

我會用粗體把Magic Words強調。

香港中央的中環是在香港的中間，中環是香港所有商業的必經之地。相信熟悉的中環對於不同的香港人以至外國人，中西混雜的中環一定不陌生。任何人也不會嫌中環不方便，因為中環是香港的所有目的地的開始。任何人也不會嫌棄中環這個地方難到達，即使從離島過來中環，也只不過是快速的半小時。中環並不舊，中環到處也充滿歷史。所有的商業、文化建築、玩樂也集中在充滿歷史氣息的中環。中環是香港最繁華的地方。你看一看這裡美輪美奐的高樓大廈、高雅優美的藝術氣息、精緻的食物……

這個中環的單位還可以遠望迷人的維多利亞港，高居臨下，在這個如此繁華中環的地方，這個中環的單位簡直就是城市中的綠洲，萬中無一……

多用形容詞、關鍵字，把缺點變成優點，順勢而行，就是最好使用Magic Words的方法。如果把中環改為上環，把上環改為銅鑼灣，效果可能完全一樣。你只需要想一些百搭的用語，再配合一些特定的語境，Magic Words就可以隨時應用：在銷售中使用、在工作中使用、在談判中使用。

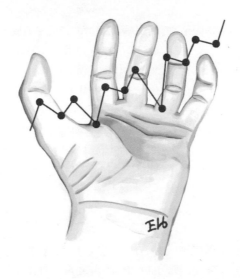

如果你可以把Magic number和Magic Words配合在商業上用，效果可以很突出。

催眠、商業與NLP?

如前所言，影響NLP其中一個部份，就是催眠。我們並不在此處詳細探討催眠，不過有興趣可參閱以下書籍，保證你能全面而有效了解催眠及NLP：

《催眠師的筆記》、《酒徒與催眠》、《催眠師的世界：催眠‧聯想‧異次元》、《催眠師的秘技-戀愛心法》、《誰是「我」?催眠師所見的前世今生— 揭露人類時空的歷史智慧》、《神經語言程式學NLP實務——人際溝通》

其中，《酒徒與催眠》、《催眠師的世界：催眠‧聯想‧異次元》是必看，此兩書大量比對催眠與NLP的關係，並舉出不少例子，也是文心和局目子之暢銷著作之一。

我想以速成與倉頡的關係比喻NLP與催眠，NLP就是速成，只打頭尾碼，催眠卻不同，催眠需要把每一個碼也打出，「解碼」案主的潛意識世界。

速成有其好處就是快，就是快速有效。哪麼催眠與NLP最大的關係是甚麼?就是催眠與NLP最強調就是暗示。暗示絕對是語言最強的地方，你可以暗示人做一件事、你可以暗示你的客戶買一些產品、你可以暗示你喜歡的人（當然所有的事可能會適得其反，這正是我們要學習如何恰到好處地使用暗示。）你亦可以點石成金，把沉重的石頭變成泡沫（這是催眠大師艾瑞克森Milton Erickson）常做的事……

我常常舉這個例子：
思想從不受拘束，即使你一無所有，聯想亦可使你勝於一切。歷史上的第一位億萬富豪洛克斐勒(John Davison Rockefeller，1839–1937)曾說過：「即使你把我全身扒光了丟在沙漠裏，只要有一隊商旅經過，我都可以東山再起。」我想，思想也是一樣，如果你能夠懂得聯想，透過聯想開疆闢土，即使你一無所有，你仍可以擁有世界。

我想說的是聯想與暗示不論在NLP與催眠也是缺一不可。我覺得NLP最高的境界，不是暗示別人，而是暗示自己，並進一步把自己鍛鍊的技術落實。世界上的百萬富翁一定經過億萬次失敗，愛迪生發明電燈也如是，他們一開始就有這些成就?絕對不是。他們的秘密就是「自我暗示」。

且看Instagram、一些名人翻看一些劇集，也常用一些金句，這些金句十分簡單需有力，NLP其中一個快捷令人掌握而又可用在商業的技巧就是語言暗示。當中我會例出十句，重覆深化的句子，最緊要重覆易句，你也可想一些屬於你的商業金句作自我暗示。

有一些成功的商業金句、廣告金句、電影金句，也可做自我暗示。基本上，我每天也會爲自己NLP一下，與自己溝通，與人說著一些重覆的話。

且看以下例子（中譯英，英譯中也可以，重點是你每天也會想。）：

1. 永遠站在不認輸的人身邊（Always stand by those who never give up.）。 - 泰國廣告
2. 一百萬人裡，只有一個主角。 而這個主角就是把事情做到極致，但首先這個主角要先找到舞台。 - 電影《無雙》
3. 每一個你想要的東西，你就得付出代價，就算你現在不想要，也要付出代價。當你做到主角，你就可以隨心所欲。- 電影《無雙》
4. Get up earlier, stay longer, work harder. Fail, fail again,never never quit. – Success Portal
5. It is lonely at the top, That's why a Bugatti has 2 seats and a bus has 50. – Success Portal
6. If you want to make everyone happy, don't be a leader – sell ice cream. - Steve Jobs
7. Oh, You Want an Easy Life? I Hear McDonalds Is Hiring. - Harvey Specter.
8. For all the doors they slammed on us, we are coming to buy the building. – What would Havery do? TM（Harvey Specter是連續劇 "Suits"的一位虛構人物，他是哈佛大學最成功的律師之一，有不少Facebook、Instagram甚至出現Suits Wiki，他們都會代入主角Harvard Specter的想法來處事，其中專頁What would Havery do?更註冊成商標。）

9. Be polite, be courteous, show professionalism and have a plan to kill eve-ryone in the room. - James Bond

10. 今天會很殘酷，明天會更殘酷，後天會很美好，但大多數人會在明天晚上死。 - 馬雲

11. 我有一個理想叫穿雲箭、過三關。第一關是以一博二、第二關是二博四，第三關是四博八。 - 李兆基

12. 想發達容易，只要每天起床那一刻開始，腦子裡不停想著怎樣可以發達，你早晚一定能行。- 李兆基

對於以上文字，隨便也可二次創作，也可隨處找到，只需看一看一些商業雜誌、follow一些商業金句Instagram等，當你情緒低落，可以振奮人心，我喜歡每看一句，抄一句，並且觸類旁通，多作幾句，有些好句，我更會日思夜想，瘋狂地想，並把它實現。我覺得最直接的方法就是成功的人學習，找一些金句、作一些金句、背一些金句，將其成為你獨一無二專屬的金句。

成功的人絕有成功之道，絕對可借鑑，就如：李兆基熱愛做生意，他對於發展事業充滿熱情，無論是日間或夜晚，無思無刻也在想，他的思緒都圍繞在商業上。所以當有人問他發達心得，他便不假思索說出：「想發達容易，只要每天起床那一刻開始，腦子裡不停想著怎樣可以發達，你早晚一定能行。」這些已成他自我暗示的生活習慣。

又如：他另一金句：「我有一個理想叫穿雲箭、過三關。第一關是以一博二、第二關是二博四，第三關是四博八。」

在投資方面，李兆基擁有一套獨特的理論，稱之為「一元變八元」。他的理念是通過逐步增加投資額度來實現利潤最大化。他形容這個理念就像穿越雲層並通過三個關卡。首先是以一元賭注贏得兩元，然後以兩元賭注贏得四元，最後以四元賭注贏得八元。在90年代初，李兆基成功地運用這個理念在日本債券市場獲利，他以一元賭注通過了第一個關卡。隨後，他將賺取的金額再次投資於香港上市的

國有企業。進入21世紀後，越來越多的國有企業開始上市，股價也飆升，這使得李兆基再次獲利。

然而，他的成功並非僅僅依賴於運氣或者單一的投資策略，而是建立在對商業的深入理解和持續學習的基礎上。他不斷思考如何創造價值、掌握機會和應對變化，這些品質使他能夠在商業世界中獲得成功。這個觀點提醒我們，在追求成功的道路上，除了適時的投資策略，我們還需要不斷學習、不斷成長，並且具備創新和應變的能力。然後，我認為除了膽色、堅持、努力，最重要的是「每天來點自我暗示，便將其實現」。

除了自我暗示，如果覺得自己存在感低，你可以不斷「擦存在感」，讓人對你有深刻印象，就像喬吉拉德從基層到傳奇，也用了此方法，讓做起事來亦事半功倍。

你需要做的是常出現，彈出又彈入，像「全世界最偉大的銷售員」喬吉拉德般的精神，在餐廳付款給卡片、把名卡夾在所有帳單中、在運動場上把卡片滿天飛，經常出現，重覆又深化就是別人記得你最好的方法。

對我而言，NLP十二大前設也是一種潛眠，因為潛而默化，簡單直接植入你的腦海。至於NLP的十二大前設（十二大前設在不同NLP不同的參考書籍也有不同的說法，雖說法各異，但大致相同），我在此處再列出，中、英對照，但我們不再重覆演繹，詳可參閱：《神經語言程式學NLP實務──人際溝通》

中文版 我們思考或處理事情的時候，可以假定（假設）一些人、事、物的關係。	英文版
1)地圖上的界線並不等於真正的地域 -- 我們對事物的認知，是由感官經驗得來的，由我們給予它們意義。	The map is not the territory -- To transmit understanding, you have to gain access to the map of the other person.

2) 沒有挫敗，只有回應。	There is no failure, only feedback.
3) 溝通的意義在於對方的回應。	The meaning of communication is the response one gets.
4) 沒有兩個人是一樣的。	No two persons are the same.
5) 在任何一個系統裡，越靈活的人越能影響大局。	In any system, the most flexible person has the control.
6) 有效果比有道理更重要。	Usefulness is more important.
7) 重複舊的做法，只會得到舊的結果。	Repeating the same behavior will repeat the same result.
8) 若別人能夠做到，　任何人也可以透過學習而做到。	If one person can do something, anyone can learn to do it.
9) 當我們(心靈)焦點集中，能量會隨之而來。	Energy flows where attention goes.
10) 人的行為會為了適應不同環境而轉變，而他們現時的行為往往代表了他們在環境限制下所能作出的最佳選擇。	Every one chooses the best behaviour at the moment.
11) 每人都已經具備使自己成功快樂的資源。	Every one already possesses all the resources needed.
12) 每個行為背後均有正面的動機。	There is always a positive intention behind each behavior.

NLP重創新求變，檢討過去、努力現在、展望將來。

**　　不止是NLP有十二大前設，或有人說是十大前設。不同的名人、不同的智者、民族也喜歡有不同的語錄。**

猶太人最有名的10句話

1、一杯清水因滴入一滴污水而變污濁，一杯污水卻不會因一滴清水的存在而變清澈。
2、人生中有三份無法被奪走的財富：飽腹的食物、心中的夢想、智慧的書籍。
3、馬在軟弱的土地上易失足，人在甜語蜜語中容易跌倒。
4、在世界的舞台上，沒有悲劇或喜劇之分，取決於我們是否能從悲劇中走出，讓它成為喜劇。
5、如果不讀書，行萬里路也不過是個郵差。
6、當鄰居深夜彈奏鋼琴時，不要生氣，你可以在黎明時分叫醒他，並表達對他演奏的欣賞。
7、若只是等待，時光將只見你老去。
8、真正的友誼不在於言語的絡繹不絕，而是即使無言也不感到尷尬。
9、時間是療癒心靈創傷的導師，但不是解決問題的魔術師。
10、寧願做過了後悔，也不要錯過了後悔！

比爾蓋茲給畢業生的10句話：

1. 越早開始越好。

Start as Early as Possible.

2. 你不可能一畢業就擁有百萬年薪。

You will not make $60,000 a Year Right out of High School.

3. 如果你不去建造自己的夢想，別人就會雇用你去建造他們的。

If you don't build your dream, someone else will hire you to build theirs.

4. 如果你搞砸了，那不是你父母的錯，所以不要抱怨自己的錯誤，要從中學習。

If you mess up, it is not your parents' fault, so don't whine about your mistakes, learn from them.

5. 如果你覺得你的老師很嚴厲，等你找到一個老闆就知道，他是沒有任期的。

   If you think your teacher is tough, wait until you get a boss. He doesn't have tenure.

6. 對書呆子要友善，有可能你最終會爲他工作。

   Be nice to nerds. Chances are you'll end up working for one.

7. 電視不是眞實生活。在現實生活中，人們必須離開咖啡店去工作。

   Television is NOT real life. In real life people actually have to leave the coffee shop and go to jobs.

8. 人生是不公平的，要習慣這一點。

   Life is not fair. Get used to it.

9. 耐心是成功的關鍵元素。

   Patient is a key element of success.

10. 不要與世界上的任何人比較自己… 如果這樣做，你是在侮辱自己。

    Don't compare yourself with anyone in this world… if you do so, you are insulting yourself.

所謂的十大原則、十二大前設，只是冰山一角的例子，把這些例子儲起來，隨手拈來，你也可以設計一百大成功原則……更重要的是：把它們一一實際到生活中。

成功在不忘本，並感謝一切已有的內在資源。

在你出生之前，你的父母並不像現在這麼無趣。他們變得這樣是因爲照顧你的開支、洗你的衣服、還有傾聽你談論自己有多酷。所以，在你試圖拯救雨林免受你父母那一代寄生蟲侵害之前，先在自己房間的衣櫥「除蟲」一下吧。

Before you were born, your parents weren't as boring as they are now. They got that way from paying your bills, cleaning your clothes and listening to you talk about how cool you are. So before you save the rain forest from the parasites of your parents' generation,try 'delousing' the closet in your own room. – Bill Gates

每一個人出生時都有雄心壯志，但人越大，成爲父母，就忘了這個世界的趣味。這句話對我的意義是提醒我們要珍惜和感激那些爲我們提供支持和幫助的人，尤其是我們的家人和前輩，也提醒一些早了在社會麻木的人回歸自己的初心。

它強調了一個重要的價值觀：在追求個人成功和成就的同時，我們應該尊重和感恩那些爲我們提供支持的人。

這句話也提醒我們在商業中要謙虛和謹愼。

即使我們取得了一定程度的成功，也不應該忘記那些爲我們提供支持的人和我們的根基。我們應該保持謙虛的態度，學習尊重他人的意見和貢獻，並且持續努力改進自己的能力和經營管理的方面。

因爲我們不驚不覺，也會成爲一個「沒趣」的人，而解決的方法就是回歸初心。

我經常會爲自己設計一些十大語錄及前設，並按時更改，如：三個月一次不斷轉換不同句子，那些句子都會直接反映我當時的座右銘。我想這個也是一個好方法，幫助我們在商業上快速提升。

Coaching 爲何也與NLP相關？

Coach在英語的世界裡可解作馬車，馬車即將客人由一地送往另一地。「Coaching」一詞最早在1830年出現，指牛津大學的導師「輔助」學生通過考試。

漸漸Coach這個指可解作教練、「Coaching」意味著讓人由現狀狀態移動到想要的狀態，最在見於1860年代的運動教練中。教練有很多種，可以是人生教練、可以是商業教練、可以是企業教練、可以是銷售教練……

能助人從現在的地點達到想到的目的地，便為教練。

但現實上是否有這麼多教練?這麼多人可以導人向善?

教練在商業中的價值：
從1980年代中期開始，教練逐漸成為獨立學科，有專業的協會和課程，如：ICF，而當中不少的NLP學會亦獨立把coaching設為一個獨立課程，如：IBNLP學會、NFNLP學會的coaching課程。

教練借鑒各種工具、技術和學科，幫助個人達成目標。

在商界，教練幫助企業：
1) 改善管理風格
2) 激發團隊合作
3) 訓練員工溝通技巧和解決衝突

透過教練，企業可以建立競爭優勢。

教練的價值在於：
1) 幫助客戶自助而非倚賴
2) 增加客戶解決問題的能力而非直接解決問題

因此，教練不是諮詢者、導師或治療師。他們使用問題來協助客戶理清思路，最終仍靠自身。能巧妙運用語言的魔力，助人自助，自助助人，便是NLP教練。

我在想：如果一個人懂得教練學的技術，亦懂得把NLP的語言框架應用恰當，可以做出那一種更強大的商業效果呢？

下面所列出的是教練的十大原則，與NLP的十二大前設異曲同工。這些原則可幫助教練在實際教練、管理或進行商業的過程中精益求精，讓被教練者將最好的表現展現出來。Coaching 原則注重人本主義色彩，以下十大原則，本文作者在不違背大原則下略作修改，詳亦可參閱教練學的十大原則。

Coaching & NLP 十大原則

原則一：持續發展，追求卓越

世上永遠沒有完美的事，只有更完善的事。

僱主問：「你爲甚麼辭去原本的工作？」其實這個可以是一個哲學問題。如果新員工套用這個想法，可以回答：「這個世界沒有完美的工作，只有更適合、更完善的公司。」這樣既不得失舊僱主，亦表明想學習之心。

這個原則強調持續改進和追求卓越的重要性。教練和NLP從不滿足於現狀，而是不斷挑戰和激勵自己和他人達到更高水平的表現。他們鼓勵自我反思和成長，並爲自己和他人設定更具挑戰性的目標。

原則二：選擇的多樣性促進成功

我常說：「如果你的人生只有一個選擇，與盲婚啞嫁無別。」你只是被迫接受，而不是真正享受。如果你在未婚時，能夠為自己找到人生以外的一個伴侶選擇，也可能不是選擇，因為這只是盲婚啞嫁與只是身邊僅僅出現多出現一個人而已。如果你的人生有第三個選擇，這個才是選擇，你追求過不同的人，嘗試過不同的愛情，最後即使可能你會選擇盲婚啞嫁，你也是有多個選擇下，在有限的條件下作出最佳的選擇。

你只有一百元，固然你可以選擇去吃一頓豐富午餐，但你不能去吃魚、蝦、蟹。如果你有一千元，你當然可以選擇大吃一餐海鮮餐，也可吃一百元豐富的午餐，亦可選擇十元的魚蛋。

人生要為自己創造無限的可能性。

這項原則強調在探索解決方案時保持開放心態並尋找多種選擇。教練和NLP通過提供不同角度的觀點和方法，激發個人和團隊發掘更多可能性。透過多樣性的選擇，他們能夠找到最有效和適合的解決方案。

原則三：被教練者擁有自己專屬答案，教練只是提供支持

這個原則強調教練的角色是支持和引導被教練者，而不是提供答案。教練相信被教練者潛藏著解決問題的智慧和資源，他們的任務是協助被教練者發現和發掘這些答案。

任誰也不能幫他人做決定，因為人生是屬於自己的。

試想想：如果你是公司的老闆，你以投資房地產致富。你經常以權威式的口吻進行每一個決定。你的員工打算買樓投資，然後你以你的高瞻遠矚，給予意見，

不斷鼓勵你的員工買樓，最後你的員工聽從你的意見，你一直深信這個投資有絕對的價值，是最佳的時機，最後你的員工因爲你的錯誤判斷，而損失數百萬⋯⋯

你的人生「致勝之道」，並不等於他人的。每一個人的情況也不同，教練只是透過提供支持，幫助被教練者找到一個屬於自己內在的解決方案。

原則四：發揮能力的潛力，永遠設立更高的目標

每一個人都有屬於自己的防衛機制。因爲害怕失敗，想留於自己的舒適圈。

這項原則強調每個人的能力潛力通常遠超過他們目前的表現。教練和NLP支持個人和團隊超越舒適區，挑戰自己，並以自己的最高潛力運作。

Shoot for the moon. Even if you miss, you'll land among the stars.
追求月亮吧！即使你未能抵達，你也將身處群星之間。

設定宏大的目標，即使未能完全實現，你仍可能獲得非凡的成就和機會。被教練者必須設定雄心勃勃、挑戰自我的目標，力爭上游。當你奔向星辰大海時，即使未能到達最初的目標，你將發現新的道路和可能性，這些可能帶來非凡的成功。

在商業世界中，這個概念可以通過具有遠見的企業家來展示，他們敢於做出大膽的夢想並追求非凡的成就。以馬斯克（Elon Musk）爲例，他是SpaceX和特斯拉的創始人。他對於殖民火星的大膽目標可能看起來像追求月亮一樣，但即使他未能達到這個最終目標，他已經在電動車行業引起了革命性的變革，並在太空探索方面取得了重大進展。他對於這樣的宏大目標的追求不僅帶來了突破性的創新，還激勵了無數他人跳脫框架思考，並在自己的努力中追求卓越。

同樣地，成功的企業通常設定雄心勃勃的目標和挑戰性目標，雖然他們不總能

實現每個目標，但對於這樣崇高的追求推動他們超越自我並突破極限。這種心態促進了創新，鼓勵冒險，推動企業探索未知領域，最終實現突破、顛覆市場和可持續性的增長。

因此，通過擁抱追求比原本目標更爲大的理念，個人和企業可以發掘自己的全部潛力，釋放創造力，抓住超越最初目標的無數機遇。

當中的旅程本身成爲一種轉型的體驗，推動他們達到新的高度，確保卽使未能到達月亮，他們仍會在星辰間閃耀燦爛。

夢想的力量往往源於其中的無限可能。重要的是堅持不懈推進，而非一蹴而就。卽使未能如願，過程中累積的經驗也可能是其他夢想的基石。只有勇於大膽想像，才有可能改變一個行業的天秤。

教練要相信透過持續發展和成長，每個人都能夠實現更高的目標和成就。

原則五：簡化問題，尋找更有效的解決方案

你要深信，每一個方案都有更簡單的方法。

iPhone的出現就是顛覆了傳統的概念，把電話從複雜多按鈕的鍵盤，簡化爲一個液晶體顯示屏。

假設有一家製造公司，他們在生產過程中經常遇到的一個問題是產品的包裝盒子在運輸過程中容易受損，導致產品受損或污染。該公司希望找到一個簡單而實際的解決方案，以保護產品的完整性。

這根本不需投資更昂貴的包裝材料或更複雜的機器設備。這間公司只需採取一個更簡單的方法。例如：這間可以在盒子的內部加入一層緩衝材料，例如：泡沫

塑料或氣泡膜，以提供額外的保護。這種簡單的解決方案可以有效減輕運輸過程中的震動和衝擊對產品的影響，同時成本相對較低。

這個例子強調了尋找簡單而實際的解決方案，而不是過度複雜化或昂貴化。通過細心觀察和思考，企業可以找到更簡單且具有實際應用價值的解決方案，以應對他們面臨的問題。

教練和NLP鼓勵尋求最直接和高效的方法來解決問題。他們提供創新思維和技巧，幫助個人和組織發現簡單但強大的解決方案。

原則六：當現有方法無效時，嘗試另一種方法

假設一家餐廳一直使用傳統的廣告方式，例如：報紙廣告和傳單發送，但效果並不理想，並沒有帶來太多新客戶。餐廳經營者意識到需要改變策略，以吸引更多的顧客。

作爲一種更簡單而實際的解決方案，餐廳可以轉向使用數位營銷。他們可以建立一個具有吸引力的網站，提供菜單信息、訂位功能和特價優惠、使用QR code下單等，並使用社交媒體平台進行宣傳，與潛在客戶互動。

這個原則可以嘗試採用更加個性化的方法，更深入地瞭解客戶的需求並提供定制解決方案。通過與客戶建立更親密的聯繫，銷售人員可能會獲得更多的成功。

原則七：任何人都可以學會另一個人能夠做到的事情

正如NLP的重大方向是同步、模仿……

企業教練遵循這一原則，幫助當事人在無法找到解決方案時，可以借鑒成功人士的案例，分析他們的成功經驗，並從中獲得啓示。舉個例子：假設一個人正在

努力提高自己的演講技巧，但無法找到有效的方法，他可以學習一些演講力較強的人，如多看TED Talks。

教練可以引導他觀察和學習那些在演講方面非常成功的人，分析他們的技巧、表達方式和身體語言，並嘗試將這些技巧應用到自己的演講中。

原則八：價值觀是由個人自己所定義，而不是由他人來決定

根據這一原則，被教練者決定什麼是重要的，什麼是不重要的。教練應該尊重被教練者的價值觀，不會強迫他們執行教練認為重要的方案。

舉個例子：假設一個人正在尋找工作，對於他來說，薪資待遇可能是最重要的因素，而其他因素如工作環境和發展機會可能相對次要。教練應該尊重這個人的價值觀，並根據他的目標和價值觀來提供指導和支持。

價值觀是由個人自己所定義，而不是由他人來決定。每個人對於價值觀的理解和重視程度都可能不同，因此每個人都有權利根據自己的信念和價值觀去界定他們的行為和選擇。

在教練的角色中，教練的職責是幫助被教練者探索並明確他們自己的價值觀。這包括幫助他們了解自己的信念、目標和優先事項，並在這些價值觀的指引下做出適合的選擇和行動。

教練可以提供支持、引導和挑戰，以幫助被教練者更深入地了解自己的價值觀，並在這種了解的基礎上制定明智的決策和行動計劃。然而，最終的決定和責任仍然應該由被教練者自己來承擔，因為他們是唯一真正了解自己內心需求和價值觀的人。

因此，教練的角色是協助被教練者發現和發展他們自己的價值觀，而不是強加

自己的價值觀於他們身上。這種尊重和支持被教練者獨立思考和做出決策的方式可以幫助他們建立更有意義和符合真實自我的生活。

原則九：每個人都希望發揮自己的潛力

根據這一原則，教練不會對當事人產生偏見，即使當事人沒有找到更好的解決方案，教練也會積極地鼓勵和支持他們。舉個例子，假設一個人正在努力克服某個技能的障礙，但一直沒有取得進展。

當事人正在努力學習一門外語，但一直感到困難重重，遇到了很多障礙。無論他們怎麼努力，似乎進步總是很緩慢，他們可能會感到沮喪和失望。

作為一位教練，你的角色是提供支持和鼓勵，讓當事人保持動力和信心。你可以使用肯定性的言語來強調他們的努力和進步，並提醒他們學習的過程中不斷克服困難是正常的。

例如，你可以說：「我看到你在學習這門外語上做出了很大的努力，每天都花時間練習。即使你遇到了困難，你仍然堅持下來了。這種毅力和決心是非常值得讚揚的。我相信你有能力克服這些障礙，只要繼續努力，你會取得進步的。」

同時，你可以提供一些實際的建議和策略，幫助他們面對困難。例如：你可以建議他們尋找更多練習的機會，例如參加語言交流活動或找一位母語人士進行對話練習。

透過這樣的積極反饋和支持，你能夠讓當事人感受到你對他們的信任和相信，並激發他們保持動力和努力學習。這種無偏見的態度和積極的支持可以燃起當事人內在的潛力，讓他們更有信心地克服困難，並取得進步。

教練應該堅定地相信每一個人有能力克服困難，並提供積極的反饋和支持，以

激發他們發揮潛力。

原則十：沒有失敗，只有反饋

教練遵循這一原則，不會讓當事人感到沮喪，而是積極地引導他們從失敗中尋找借鑒和學習的經驗，以便下一次取得成功。假設一個人在一次項目中遇到了挫折，沒有達到預期的結果。教練會幫助他們回顧項目的過程，找出導致失敗的原因，並一起探討新的方法和策略。這樣，他們可以從反饋中學習，並在下一次的項目中取得更好的成果。教練會鼓勵他們將失敗視爲學習的機會，不斷調整和改進自己的方法，以實現成功。

歷史上，不同的人物也有類似情況。

愛迪生在發明電燈時確實經歷了許多挫折和失敗，但他從每次失敗中都獲得了寶貴的學習和經驗。他發明電燈時，失敗了六千多次，有人笑他：「你已經失敗了那麼多次爲什麼不放棄？」他只答：「雖然我失敗了六千多次，但是至少我知道有六千多種東西都不適合當燈絲！學了六千種方法。」當有人問他爲什麼不放棄時，他的回答強調了他從每次失敗中所獲得的價值，並將失敗視爲向成功邁進的必經之路。

這個原則可以應用到其他領域和例子中。許多成功的企業家也曾經經歷過多次的失敗和挫折，但他們並沒有放棄，而是從中學習並堅持不懈地追求目標。

創辦人貝索斯（Jeffrey Preston）在創建亞馬遜這家全球電商巨頭時也面臨了許多困難和挑戰。亞馬遜成立初期，他們的業務模式和營運方式並沒有立即獲得成功，但貝索斯並沒有氣餒。相反，他從每次失敗中吸取教訓，不斷調整和優化策略，最終將亞馬遜打造成一個全球領先的電商平台。

另一個例子是著名的發明家諾貝爾（Immanuel Nobel）。他在發明炸藥的過

程中也經歷了多次的失敗和意外。然而，他並沒有因此放棄，而是從每次失敗中學到了寶貴的教訓，並最終發現了安全可控的炸藥製造方法，同時也對人類做出了巨大貢獻。

這些例子都強調了在追求目標和創新時，失敗並不意味著結束或放棄，而是為了更好地學習和進步。通過從失敗中吸取教訓，改進策略，堅持不懈地努力，人們可以實現他們的目標並取得成功。

以人為本的教練原則

我覺得教練原則不應該只注重結果，更重要是尊重每個學習者的需求和成長過程。我認為教練可以是「老闆」、「督導」、「老師」或者是「自己」也可，以下可能是一些建議：

1. **教練會先了解原因，不即時下定論**：一個員工工作狀態下滑，教練不應立即指責，而應詢問原因，是否有家務壓力等需要支援。
2. **依賴內在動機**：每個人潛能也不同。如果可以將一個人的最大潛能發揮到工作上，他們是在做自己最開心的事。教練可引導員工反思目標的意義，從自身發掘動力，而非外在指標。如果一個快餐廳裡，員工的強項是藝術，你可以嘗試邀請他們參與設計或改造餐廳。
3. **包容及實踐多樣性**：容許公司裡有不同學習方式並存及開設討論小組，如：創意小組、研究小組、員工福利小組等。教練可以嘗試支持各學習者的發展方向，如A喜歡討論，B喜歡實踐。
4. **重視成長過程**：教練可鼓勵被教練者留意過程而非結果，就如在一間設計公司，教練可鼓勵被教練者注意設計新產品的研發過程，分享體會，而非只看結果。
5. **以身作則**：一間公司的「教練」及靈魂人物可以是老闆。教練讓學習者觀察自己的無知面，同理心傾聽他人，展現學習的精神。其他員工有問題時，也會同樣發問。

6. **互相學習**：教練鼓勵A將成功經驗與B共享，而非只看A的能力高。
7. **不引導、不分析**：教練不需經常引導及分析，就如教練了解被教練者的家庭因素後，提供適當支援而非唐突批評。
8. **適應和彈性**：教練強調適應力和彈性的重要性。教練和NLP鼓勵個人和組織靈活應對變化和挑戰，並尋找應對策略和解決方案。他們相信透過適應和彈性，個人和組織能夠在不斷變化的環境中取得成功。例如：一些日本壽司店的同事到香港的壽司店工作，教練需留意他們的適應性，是否真的了解每一個獨特文化的口味，去調解不同酸度的醋與壽司。
9. **自我反思和學習**：這個原則強調持續的自我反思和學習。教練和NLP鼓勵個人不斷反思自己的行為、觀念和信念，並從中學習和成長。他們重視反思的價值，並鼓勵個人尋找改進和發展的機會。每當面對別人的批評時，你總是可以先批評自己，想自己之不足。
10. **建立良好的人際關係（Rapport Building）**：這項原則強調建立良好的人際關係對於成功的重要性。教練和NLP重視溝通、合作和共享，並鼓勵建立互信和支持的關係。透過建立積極的人際關係，他們能夠共同達成更大的目標。

　　這以上所有的東西也是基於親和感，如果你想和一個剛認識的客戶有進一步的商業交易，你至少都要和他有著較多的共同話題，即使所有銷售員賣的東西也一樣，客戶也會先選擇你。**如教練在應用商業技巧，也不忘人本的教練原則，可以激發學習者內在動機，在包容氛圍中成長。**

　　每個人就是自己最好的教練。

第三章
職場商業臨場應用技巧篇

爲什麼 NLP在商業有效?

NLP是一個意識分離(Dissociation of Conscious)及 非自覺的過程(Non-Conscious Processes)。

HOT MODEL 想法的層次結構模式

第一步:
感受第一層的感覺(First Order Thought (FOT)/ Primary Sense Experience)
Level 1:我很焦慮,怕自己做不成此交易 。(嘗試令自己在感覺之內)

第二步:
感受第二層的感覺(Second Order Thought(SOT))
Level 2:我開始慢慢有一個想法(Thought):我很焦慮。(嘗試跳出自己的感覺,並考慮焦慮帶給你的經驗,你腦海或過去有沒有經歷過,爲何這個焦慮的想法慢慢浮現。)

第三步:
感受第三層的感覺(Third Order Thought(TOT))
Level 3: 我能夠覺察(Notice) 我有一個想法(Thought) 我很焦慮(思考爲何出現這個想法或體驗的過程。)

當一個人在經歷之內，他便無法分析和改變當中的過程，所以可以進行第二或第三層的思考模式。一般的人處事，只集中放在第一步。NLP的運作形式是思考過程而不是事件的實在經歷。如果我們可以改變經歷的思想，主觀感覺(subjective feelings)就會發生變化，我們對於某種感覺所產生的行為及身體反應，如：焦慮會令我們手心冒汗。當這些主觀感覺改變了，身體也會慢慢出現變化。

語言不僅是思考的產物，也是人類溝通的關鍵工具。只要我們能有效地運用語言，就能打開與他人靈魂的溝通之門，洞悉對方的想法與感受。這就是神經語言程式學的核心概念。透過運用並分析語言，我們將能直接與人的內在靈魂進行交流和溝通。

NLP的有效性來自於它具體、實踐的方法與技巧。這些方法與技巧包括：模仿成功人士的思想、行為和語言模式，提升自我認知並有意識地改變自身的思想、行為和語言模式，透過學習並練習語言模式和溝通技巧來提升與人溝通的效率和效果。此外，NLP提供了一系列的技術和工具，可以根據個人的需求和情況進行適當的選擇和使用，讓我們在面對不同的問題時，都能有個性化的解決方案。

當我們進一步了解NLP，會發現我們在溝通過程中，除了口語表達，還有很多非語言的表達方式，如身體語言和眼球運動。這些都是人的內在思想和情緒的反映。透過 "Eye Accessing Movements" 或稱眼球訪問提示，我們將能進一步理解對方的思考模式和情緒狀態。眼睛被視為靈魂之窗，它的一舉一動都代表著我們的腦部活動情況。若我們能配合口語理解並有效地分析眼球運動，就能更深入地洞察並掌握對方的思想和想法。

然而，儘管NLP在某些領域(如銷售、領導力發展、個人成長等)有廣泛的應用，但其科學依據和有效性在學術界並不一致。有些人認為它的效果可能受到安慰劑效應或主觀解釋的影響，因此在應用NLP時，我們需要保持批判性思

考，並以實證為基礎來評估其成效。即便如此，NLP依然被許多人視為改善溝通、提升自我、治療困擾和改善人際關係的重要工具。

NLP是一種理論和實踐方法，主張透過理解並改變我們的思想、行為和語言模式，可以達到改善生活和實現目標的效果。以下是一些認為NLP有效的理由：

1. 理解並模擬成功的模式：NLP的一個核心理念是「建模」或模仿成功人士的思想、行為和語言模式。這個理念的基礎是認為，如果某人在某領域取得了成功，那麼他的某些思想、行為和語言模式可能對此有所貢獻。透過學習並模仿這些模式，其他人也可以取得類似的成功。
2. 自我認知與改變：NLP提供了一種途徑來理解我們的思想、行為和語言模式，並提供工具來改變這些模式。這對於我們想要改變自己、改善生活質量或實現目標很有幫助。
3. 提升溝通能力：NLP的另一個重要組件是語言模式和溝通技巧。它教導我們如何更有效地與他人溝通，並理解他人的觀點。這可以改善我們的人際關係，並增加我們在工作和日常生活中的影響力。
4. 靈活的方法和工具：NLP提供了一系列的技術和工具，可以根據個人的需求和情況進行適當的選擇和使用。這讓NLP成為一種可以針對不同問題提供個性化解決方案的方法。
5. 潛意識的影響：NLP認為我們的潛意識思想和信念影響我們的行為和情緒。透過使用NLP，我們可以影響和改變這些潛意識的模式，從而達到改變我們生活的目標。

然而，值得注意的是，儘管NLP在某些領域（如銷售、領導力發展、個人成長等）有廣泛的應用，但其科學依據和有效性在學術界並不一致。有些人認為它的效果可能受到安慰劑效應或主觀解釋的影響，因此在應用NLP時，應保持批判性思考並以實證為基礎來評估其成效。

眼球移動提示

下圖說明了當你面對並注視該人時，該人的眼睛會移動的方向。

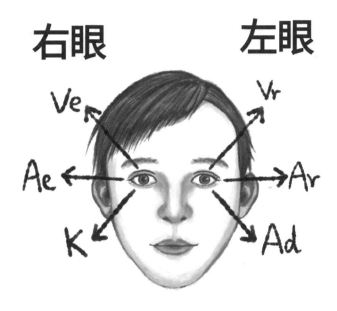

當我們在內心處理信息時，我們可以在視覺上、聽覺上、動覺上、嗅覺上或味覺上進行。人可以通過五個不同感官來了解詞彙的含義。

VC
視覺構造：看見以前從未見過的事物的圖像，或者看到與以前不同的事物。問題
　　　　　包括：「當你買了這間房子，你會怎麼布置呢？」

Ac
聽覺建構：聽到以前沒有聽過的聲音。問題包括：「你的英文名字如果反過來讀會
　　　　　怎樣？」「玩具聲」、「汽車喇叭聲」和「孩子們玩耍的聲音」會是怎樣的？

K

觸感：感受情緒、觸覺(觸碰)或本體感受(肌肉運動的感覺)。問題包括：「你現在鼻子冷嗎?」「跑步時候又是什麼感覺?」

Ar

聽覺回憶：想起以前聽到的聲音。問題包括：「我說的最後一件事是甚麼?」「你的鬧鐘聽起來怎麼樣?」

Ad

聽覺數字：自說自話。問題包括：「對自己說一些你經常說的話。」、「背誦一些誓言。

V

聽覺：空白的凝視一點是視覺的回憶——無論是構建的還是回憶的。

視覺・聽覺・觸覺

看到的 [視覺型] Visual

眼睛	這些人向上或向左看，或者他們的眼睛可能看起來沒有焦點。
手勢	他們的手勢快速而有指向，如：所指示的位置。
呼吸與言語	高、淺、快。
字	引起他們注意的詞包括：看、望、想像、揭示、透視。
展示	他們更喜歡圖片、圖表、電影。

聽到的 [聽覺型] Auditory

眼睛	這些人向下及向左看，可能表現出「眼花繚亂」的感覺。
手勢	他們的手勢是平衡的，觸摸一個人的臉(即揉搓下巴)。
呼吸與言語	胸部的中間位置會顯得有節奏，並有節奏地說話。
用字	引起他們注意的詞，如：耳聽、問、說、點擊、適合他們的用語。
展示	他們更喜歡列表、摘要、引文、閱讀材料。

感覺到的 [觸覺型] Kinesthetic

眼睛	這些人通常會往右看。
手勢	他們的手勢很有節奏，撫摸著他們的胸前（男人基本上也是這樣）——比爾·克林頓Bill Clinton.。
呼吸與言語	深沉而緩慢的停頓。他們說話會慢慢地說。
用字	引起他們注意的詞包括：感覺、觸摸、抓住、捉著、接觸等。
展示	朝著[目標]：達到、得到、獲得。遠離[問題]：避免、緩解、離開。

為了在所有群體中更具說服力，你亦可以在商業上描述更大、更近、更多色彩、3-D、移動的、清晰的聲音和強烈的感覺。

薩提亞（Virginia Satir）和其他學者觀察到，人們會根據他們正在做的思維方式來系統地移動他們的眼睛。這些動作被稱為眼睛移動線索。上面的圖表顯示了大多數人向特定方向移動眼睛時，他們的眼球會有不同的處理，但是，一小部分人是相反的，或者如以上圖表般。

在汽車銷售的情況下，如何使用眼睛移動線索的一個很好的例子。一旦他們了解了客戶的主要表達系統，推銷員可能會強調不同的汽車的特性以吸引顧客的「內在世界模型」，並在銷售中有更大影響力。對於聽覺的顧客，推銷員可能會強調加車門的砰砰聲、高檔立體聲系統和安靜的汽車引擎聲音。對於視覺型的顧客，銷售員會強調簡潔流暢的線條，透過不同的窗或是天窗可以清楚地看到風景，並要求他們想像自己坐在方向盤後面等等。對於動覺型的人，銷售員可能對坐位的皮革或座椅的感覺，讓顧客感覺自己好像在空中平穩行駛，當他們沿著高速公路行駛時，風和溫暖的陽光會通過他們的頭髮，透過天窗照在他們臉上的感覺。

作為一名銷售人員，明智的做法是使用適用於所有代表性系統的語言，因為我們都使用不止一個系統。這亦可考慮到可能參與決策過程的另一個人，即陪同買方的配偶或父母等。

若我們作爲治療師，則很容易理解，並更準確地定義個人的表徵系統語言只是與案主建立一種融洽關係的另一種方式。我們可以利用這一點對我們的內容產生更大的影響，並建立更有效與潛意識交流的方式，使用這些過程可以增強案主對治療的反應。

在現實世界中，一個聽覺型的丈夫可能會在地板上留下襪子，在桌子上留下盤子，在角落裡留下鞋子，到處都是報紙。一個視像型的妻子可能會覺得她嫁給了一個極懶惰的人，她不欣賞丈夫的行爲，並試圖創造一個令人愉快的整潔的房子。她會想：如果他愛我，她想，他會關心我整天打掃衛生等等。

另一方面，聽覺型的丈夫可能在下班回家坐下來閱讀書籍。與此同時，妻子開著焗爐來做晚飯，開著電視，兒子的播放器在播放，另一個小孩則在逗一隻吠叫的狗等。聽覺型的丈夫試圖從事視覺班的任務，他會尖叫說：「我不能在自己的家裡獲得安寧嗎?」這就可能會發生誤解。如果雙方都意識到：

對視覺型的妻子來說，房屋的外觀或她的衣服或草坪她來說很重要，但對有聽覺的人卻沒有什麼印象。

對聽覺丈夫來說，所有這些聲音是類似於在雷電中的視覺類型的人。

此外，如果你的兒子遲了回家，你可以善用眼睛移動的線索，詢問他們去過哪裡。如果此時兒子的眼睛向上看並向左移動，他們會在視覺上記住並告訴你他們在哪裡。如果他們向上並往右看(視覺結構)，他們可能正在編造一個你可能會接受的故事。這並不意味著他們肯定在撒謊，但可能父母可以多問幾個問題。

練習這些技巧的一個好方法是觀看任何採訪別人的節目。這些節目展示了被訪問的人下意識地回答問題。您可以錄製這些節目並研究採訪對象的眼睛移動線索，以更好地了解他們的思維方式。

表象系統

表象系統（Representational Systems）是NLP中的概念，指的是我們感知和處理信息的感官通道。這些系統負責我們如何在內心中表徵體驗以及如何將其與他人溝通。

主要的表象系統包括：

1. 視覺系統：這個系統涉及使用視覺圖像、圖片和心理想像來表徵和處理信息。偏向視覺系統的人往往以圖像思維為主，具有強烈的視覺想像能力。
2. 聽覺系統：這個系統與使用聲音、詞語和音調來表徵和處理信息有關。偏向聽覺系統的人通常以內在對話或對話形式思考，對聲音和聲音敏感。
3. 動覺系統：這個系統包括感覺、情感和身體經驗來表徵和處理信息。偏向動覺系統的人依賴觸感、運動和身體感覺來理解和表達體驗。

除了這些主要的表象系統外，還有其他感官通道，如嗅覺（氣味）和味覺（味道），它們在我們表徵和處理信息時也發揮作用。

理解和有效運用不同的表象系統可以增強溝通和建立共鳴。通過注意他人使用的語言、感官詞語和非語言暗示，我們可以匹配和模仿他們偏好的表象系統，建立共鳴和理解。這種技巧在各個領域都很有價值，包括人際關係、銷售、治療和教練，因為它使我們能夠以更能引起他人共鳴的方式進行溝通，更有效地建立共鳴關係。

表象系統在人際關係中

表象系統在人際關係中有著重要的應用。了解和運用不同人的表象系統可以幫助建立更有效的溝通和互動，增進彼此之間的理解和共鳴。

1. 語言運用：人們在表達和傳遞信息時會偏好不同的表象系統。有些人偏向使用

視覺圖像和形象來表達自己的想法，而其他人則更傾向於使用聲音和音調。通過觀察對方的語言和表達方式，我們可以調整自己的說話風格，以適應對方的表象系統，使對方更容易理解和接受我們的信息。

2. 身體語言和非語言暗示：除了語言，身體語言和非語言暗示也是人際交流中的重要元素。觀察對方的身體姿勢、手勢、面部表情和聲音調調，可以揭示他們偏好的表象系統。通過模仿對方的身體語言，我們可以建立更好的連結和共鳴，增進彼此之間的親近感和理解。

3. 聆聽和觀察：聆聽和觀察對方的語言和非語言信號，可以幫助我們辨別對方使用的表象系統。當我們注意到對方在表達中偏向某個感官通道時，我們可以主動使用相應的語言和表達方式來回應，進一步加強我們的溝通效果。

總結來說，了解和運用表象系統可以促進更深入和有意義的人際關係。通過尊重他人的表達偏好，調整自己的溝通方式，我們可以建立更強烈的連結和共鳴，促進更有效的溝通和理解。這對於建立良好的人際關係、增進合作、解決衝突和建立共同目標都非常有益。

表象系統在業務領域中

表象系統在業務領域中有多種應用，幫助我們更好地理解客戶、溝通效果更佳，並提供個性化的服務。以下是表象系統在業務上的一些常見用途：

1. 銷售和市場營銷：了解客戶的表象系統可以幫助我們更好地呈現產品或服務的價值。有些客戶偏好聽覺信息，他們喜歡聆聽故事或演示，而其他客戶可能更注重視覺效果，他們喜歡看到圖片或視頻。通過適應客戶的表象系統，我們可以選擇適當的語言、媒體和呈現方式，使我們的銷售和市場營銷策略更具吸引力和影響力。

2. 客戶服務：對於提供客戶服務的人員來說，了解客戶的表象系統可以幫助建立更良好的溝通和連結。通過觀察客戶的身體語言、口語和非口語表達，我們可以快速識別他們的表象系統偏好。然後，我們可以適應客戶的偏好，使用相應的語言和溝通方式，使客戶感到更舒適和理解，提供更個性化的服務體驗。

3. 團隊合作和領導：在團隊合作和領導中，了解團隊成員的表象系統可以促進更有效的溝通和合作。不同的團隊成員可能對於資訊的接收和表達有不同的偏好。通過適應團隊成員的表象系統，領導者可以更好地傳達指示、聆聽意見和建立良好的關係，從而提高團隊的凝聚力和工作效率。

總而言之，表象系統在業務上的應用有助於理解客戶、提供個性化的服務、改善溝通和建立良好的人際關係。通過適應客戶或團隊成員的表象系統，我們可以提供更符合其偏好和需求的產品、服務和溝通方式，從而增強客戶滿意度、促進業務增長和實現團隊的成功。

在商業上，應用次感元（Submodalities）

在商業上，應用次感元（Submodalities）可以幫助你改善溝通、影響他人和提升自己的表現。以下是一些應用次感元在商業上的例子：

1. 情感操控：通過調整次感元，你可以掌握自己和他人的情感體驗，從而更好地操控情感。例如，如果你希望在商業談判中表現出自信和冷靜，你可以想像一個自信和冷靜的形象，並將其與一個不自信和緊張的形象進行比較，注意兩者之間的次感元差異。然後，你可以調整不自信形象的次感元，例如將它變得較小、暗淡或模糊，以降低不自信的感覺，同時增強自信的感覺。
2. 影響他人：通過觀察他人的次感元，你可以更好地理解他們的感受和偏好，並適應你的語言和行為來影響他們的反應。例如，如果你注意到某位客戶對於視覺刺激較為敏感，你可以使用更具體、生動和圖像化的詞語來描述你的產品或服務，以引起他們的興趣和共鳴。同樣地，如果你發現某位合作夥伴更注重聽覺刺激，你可以適應你的語言風格，強調聽覺元素，例如用音樂比喻來說明你的觀點。
3. 建立信任和連結：通過觀察他人的次感元，你可以了解他們的偏好和價值觀，從而更好地建立信任和連結。例如，如果你注意到某位客戶在談論成功和成就時感受到的次感元是明亮、動態和充滿活力的，你可以使用相似的次感元來回應他們，傳達你對他們成功的理解和支持，從而建立起情感連結和信任。

4.提升自我表現：通過調整次感元，你可以改善自己的表達方式，增強自己的自信和說服力。例如：在公開演講或簡報中，你可以注意到自己的聲音、姿勢和表情的次感元，並調整它們以達到更具影響力和說服力的效果。你可以提高聲音的音量和節奏，調整身體的姿勢和動作，以及表達積極自信的面部表情，從而更好地吸引和引導觀眾的注意力。

這些只是應用次感元在商業上的一些例子，通過觀察和調整次感元，你可以改善情感操控、影響他人、建立信任和提升自我表現。這些技巧有助於在商業場景中建立更良好的關係、增強溝通效果和提升個人影響力。

謂詞

在語言學和邏輯學中，「謂詞」(Predicate)指的是句子或命題中用來描述主語的部分。簡單來說，如果一個句子是「蘋果是紅色的」，那麼「是紅色的」就是這個句子的謂詞，因爲它描述了主語「蘋果」的性質或狀態。

在NLP中，「謂詞」有著特殊的含義。在這裡，「謂詞」是指人們在語言中用來表示感官表達方式(視覺、聽覺、觸覺、味覺和嗅覺)的詞彙或詞組。例如：「看」、「聽」、「摸」、「品嚐」和「聞」等詞彙就是這種謂詞的例子。在NLP中，通過識別和回應他人使用的謂詞，我們可以更好地理解他們的內在思考模式，並能更有效地與他們溝通。

NLP詞彙學(Lexicon)的應用商業

NLP的詞彙學在商業上有多種應用方式，以下是一些例子：
1.行銷和廣告：在行銷和廣告中，選擇恰當的詞彙可以吸引目標客戶，引起興趣並促使他們進一步行動。使用有吸引力的詞彙和描述可以增強產品或服務的價值感。例如，使用「獨特」、「創新」、「高效」、「豪華」等詞彙來描述產品或服務的優勢和特點，以吸引潛在客戶的關注。

2. 業務溝通：在商業溝通中，選擇適當的詞彙可以增強溝通效果和影響力。使用有說服力和啟發性的詞彙可以幫助你表達觀點、解釋複雜概念和建立信任。例如，使用「成果」、「增長」、「成功」、「合作」等詞彙來描述業績和潛在的合作機會，以吸引合作夥伴或投資者的興趣。

3. 客戶關係管理：在與客戶互動和建立關係時，選擇適當的詞彙可以增強客戶體驗和滿意度。使用關懷和支持的詞彙可以表達對客戶的關注和重視，並建立良好的信任關係。例如，使用「關心」、「支持」、「個人化」、「解決問題」等詞彙來描述對客戶需求的回應和提供解決方案的能力。

4. 領導和團隊合作：在領導和團隊合作中，選擇具有啟發性和激勵力的詞彙可以提升團隊的動力和合作效能。使用鼓勵和能量充沛的詞彙可以激發團隊成員的積極性和創造力。例如，使用「挑戰」、「成長」、「團隊合作」、「激勵」等詞彙來鼓勵團隊成員超越自我、追求卓越和共同目標。

以上是一些在商業上應用NLP詞彙學的例子。選擇適當的詞彙可以增加溝通效果、影響力和人際連結，有助於提升行銷效果、建立良好的客戶關係、激發團隊合作和領導力。詞彙的運用可以創造出積極的商業環境，促進合作和成功。

應用映射（Mapping Across）

在商業上，應用映射（Mapping Across）可以有以下的應用：

1. 情感連結：映射可以用於建立情感連結和共鳴，特別是在銷售和市場營銷中。通過映射到客戶的需求、態度和價值觀，你可以更好地理解他們的情感和動機，並以相應的方式回應。這有助於建立與客戶的關係，增加信任和忠誠度。

2. 調整觀點：映射可以用於幫助他人轉變觀點和看到新的商業機會。通過映射到不同的觀點和角度，你可以幫助他們開啟思維，接受新的觀念和策略。這有助於創新和業務發展。

3. 溝通和影響力：映射可以用於提升溝通和影響力的效果。通過映射到對方的語

言風格、價值觀和偏好，你可以選擇合適的詞彙、語調和方式來溝通。這有助於建立共鳴、增強影響力和達到商業目標。

4. 關係建立：映射可以用於建立良好的商業關係。通過映射到對方的行為模式、溝通風格和需求，你可以更好地理解他們的期望和要求，從而建立更深層次的連結和合作關係。

5. 個人品牌塑造：映射可以用於塑造個人品牌和形象。通過映射到目標受眾的價值觀、興趣和需求，你可以選擇合適的詞彙、形象和行為來建立一致的個人品牌形象，增加對目標受眾的吸引力和影響力。

這些是應用映射在商業上的一些例子。通過映射，你可以建立情感連結、調整觀點、提升溝通和影響力，建立良好的關係，以及塑造個人品牌形象。這些技巧可以幫助你在商業領域中更有效地與客戶、合作夥伴和同事互動，實現商業目標。

應用感官知覺策略
(Sensory Perceptual Strategies)

在商業上，應用感官知覺策略(Sensory Perceptual Strategies)可以有以下的應用：

1. 創建吸引力的品牌形象：通過感官刺激，例如視覺設計、聽覺廣告、觸感產品包裝等，可以創建一個吸引力的品牌形象，使消費者與品牌產生共鳴。這可以通過使用特定的顏色、圖像、聲音和質感來觸發消費者的感官體驗，從而建立品牌的識別和情感連結。

2. 提升客戶體驗：感官知覺策略可以用於提升客戶在商業環境中的體驗。這可以通過創造愉悅的視覺環境、提供舒適的觸感、播放適合的音樂、提供美味的味覺體驗等方式實現。這些感官刺激可以增加客戶的滿意度和忠誠度，提升他們對品牌或產品的好感度。

3. 強化行銷訊息：感官知覺策略可以幫助在行銷中傳達訊息的有效性。通過使

用具體且生動的語言和形象來描述產品或服務的優勢，並與消費者的感官體驗相關聯，可以更好地吸引消費者的注意力並引起共鳴。這可以通過描繪視覺場景、描述聽覺效果、引用味覺或嗅覺體驗等方式實現。

4. 優化銷售技巧：感官知覺策略可以在銷售過程中應用，幫助建立與客戶的連結並增加銷售成功的機會。這可以通過觀察客戶的身體語言和表情來調整自己的語調和姿勢，以營造信任和共鳴。同時，使用具體而生動的詞彙和形象來描述產品或服務的價值，可以加強銷售信息的吸引力。

5. 創造差異化：通過在產品或服務中應用感官知覺策略，可以創造獨特且與眾不同的體驗，從而在市場競爭中取得差異化優勢。這可以通過創新的產品設計、獨特的包裝、引人入勝的商店佈局、獨特的味覺體驗等方式實現。這些感官刺激可以吸引消費者的注意力並建立品牌的獨特價值主張。

這些是應用感官知覺策略在商業上的一些例子。通過創造吸引力的品牌形象、提升客戶體驗、強化行銷訊息、優化銷售技巧和創造差異化，可以在商業環境中利用感官知覺策略來建立與消費者的連結，提升品牌價值和市場競爭力。

鏡性神經元

鏡性神經元（Mirror Neurons）是一種神經細胞，其活動模式在觀察和執行特定動作時被激活。最初在研究猴子時發現，當猴子觀察到其他猴子執行動作時，它們的腦中的鏡性神經元也被激活。後來的研究表明，鏡性神經元在人類大腦中也存在。

當我們看到、聽到、感到或想到某事時，我們的腦中有一種「身同感受」的感覺，即使我們實際上並未親身經歷，只是在旁聽、觀察或想像，我們也會產生一種「親身體驗」的感受。這種功能正是人類文明進步的主要原因之一。

鏡性神經元被認為與模仿、模擬和理解他人行為的能力有關。當我們觀察到他人進行某個動作時，鏡性神經元的活動模式被激活，仿佛我們自己在執行該動作一樣。這使我們能夠感同身受，理解他人的意圖和行為，並與他人建立共鳴和連結。

鏡性神經元 在商業上的用途

鏡性神經元在商業上有幾個應用，以下列舉幾個例子：

1. 行銷和廣告：了解鏡性神經元的作用可以幫助行銷和廣告專業人員更好地理解消費者的行為和需求。通過觀察和模仿消費者的行為，他們可以創造更具共鳴力的廣告內容，吸引消費者的注意力並激發他們的興趣。
2. 銷售和演示：鏡性神經元的概念可以應用於銷售和演示技巧中。通過模仿和理解潛在客戶的動作和語言，銷售人員可以建立共鳴，更好地推銷產品或服務。他們可以使用對方的用詞和語言風格來建立親近感，提高溝通效果。
3. 領導力和團隊建設：領導者可以利用鏡性神經元的原理來建立共鳴和信任，促進團隊合作和共同目標的達成。通過模仿和理解團隊成員的動作和言行，領導者可以更好地理解他們的需求和挑戰，從而提供更好的指導和支持。
4. 客戶服務和關係管理：在客戶服務領域，鏡性神經元的概念可以應用於建立親和力和關係連結。通過模仿和理解客戶的言行舉止，服務人員可以更好地與客戶溝通，提供個性化的服務體驗，增加客戶的滿意度和忠誠度。

理解鏡性神經元的原理可以幫助我們更好地與他人建立連結和理解，但我們也應該尊重他人的個人空間和隱私。

應用NLP的後設模式（Meta Model）

NLP的後設模式（Meta Model）是一套用於語言模式辨析和提問的工具，旨在揭示和澄清語言中的模糊、不確定或模式化的表達。它被用於幫助人們更全面地理解和溝通，並挖掘出更具體和有意義的資訊。

後設模式是由NLP創始人約翰·格里德爾（John Grinder）和理查德·班德勒（Richard Bandler）開發的，用於檢驗和挑戰語言中的一般化、刪節和失真。

它提供了一系列的問題和技巧，用來追蹤和澄清語言中的模糊概念，以便更清晰地理解對方的意圖、信念和經驗。

後設模式的目的是幫助人們打破模式化的語言使用，挖掘更具體的資訊。它通過提問來擴大對話和思考的範疇，以揭示隱含的信息和潛在的錯誤邏輯。這些提問可以將模糊的語言轉化為具體的描述，挑戰一般化的陳述，澄清模糊的詞語，並要求提供更多具體的細節。

後設模式的一些常見問題包括：
1.刪減(Deletion)：「是誰做的？」
2.一般化(Generalization)：「每個人都這樣嗎？」
3.扭曲(Distortion)：「你如何知道這是真的？」
4.模糊詞語(Lack of Specifity)：「什麼是X的具體例子？」
5.不確定性(Unspecified Referential Index)：「你指的是誰？」
6.過度歸納(Universal Quantifiers)：「你從何得出這個結論？」

透過使用後設模式，人們可以更準確地表達自己的意圖、理解他人的意思，並在商業溝通中更清晰地傳達資訊。它也可用於個人成長、解決問題和改變思維模式的過程中，幫助人們挖掘出更豐富和具體的資訊，以支持更有效的學習和變革。

應用NLP的後設模式(Meta Model)在商業上可以有以下的應用：

1. 澄清需求和期望：後設模式可以幫助澄清商業中的需求和期望。通過提出挑戰性的問題，我們可以幫助客戶或同事明確表達他們的需求，以及期望中的具體結果。這有助於確定商業目標和計劃，促進準確的合作和項目執行。
2. 解構限制性信念：後設模式可以用於解構商業上的限制性信念。通過提出引導性的問題，我們可以幫助個人和團隊檢視和重新評估他們對於商業成功的信念和觀點。這有助於打開新的思考和行動可能性，推動創新和改進。

3. 澄清溝通和解決衝突：後設模式可以幫助澄清商業溝通中的模糊或含糊不清的語言表達，從而減少誤解和衝突。透過適當的問題和技巧，我們可以促進準確的溝通，確保信息的傳遞和理解，從而提升合作和工作效率。

4. 提供有建設性的反饋：後設模式可以用於提供有建設性的反饋，幫助個人和團隊意識到他們的語言和思維模式中的限制和挑戰。透過提出具體和引導性的問題，我們可以促使反思和改進，從而提升個人和團隊的表現和效能。

5. 強化目標設定和動機：後設模式可以幫助在商業環境中設定明確的目標並提高動機。通過運用後設模式的技巧，我們可以幫助個人和團隊澄清他們的目標、期望和內在動機，從而提升自我激勵和工作效能。

　　總之，應用NLP的後設模式在商業上可以幫助澄清需求和期望、解構限制性信念、澄清溝通和解決衝突、提供有建設性的反饋，以及強化目標設定和動機。這些技巧有助於提升商業效能、促進合作和溝通，並推動個人和團隊的成長和成功。

肢體的語言

　　身體語言學(Body Language)是一門研究人類身體語言和非語言溝通的學科。它研究人類在身體姿勢、面部表情、手勢、眼神、聲音、觸覺等方面的行為表現，並探索這些行為背後的意義和作用。身體語言學是一門跨學科的學科，涉及社會學、心理學、語言學、神經科學、人類學等多個領域。

　　身體語言是指人類在日常生活中通過肢體動作、面部表情、聲音等非語言方式進行的溝通。身體語言具有豐富的含義和表達能力，可以傳達情感、態度、意圖、權力關係等信息。例如，一個人的肢體語言可以表現他的自信、緊張、不耐煩、興奮等情感，並進一步影響他人對他的印象和反應。

　　身體語言學的應用非常廣泛，包括商業、政治、教育、藝術、醫學等多個領域。例如，在商業領域中，身體語言可以幫助人們更好地理解客戶的需求和意

圖，從而更好地進行銷售和溝通；在政治領域中，身體語言可以幫助政治家更好地表達自己的意見和態度，維護自己的形象和權威。

　　總之，身體語言學是一門非常有用和實用的學科，對於提高人們的溝通和交流能力，增強人際關係和職業素質具有重要的意義。

　　以下是一些身體語言的例子：
1. 姿勢：一個人的姿勢可以表現他的自信或者不自信。例如，站直、肩膀平放、頭部高昂、眼神自信的姿勢可以顯示一個人的自信心，而低頭、垂肩、手插在口袋裡的姿勢則表現出一個人的不自信。
2. 面部表情：一個人的面部表情可以顯示出他的情感和態度。例如，微笑可以表現出友好和愉快，皺眉可以表現出緊張和不滿。
3. 手勢：手勢可以用來強調話語或者表達意圖。例如，舉起手指表示強調和重點，揮手表示打招呼或告別。
4. 眼神：眼神可以表現出一個人的情感和意圖。例如，直視對方的眼睛可以表現出自信和誠實，而眨眼可以表現出緊張和不安。
5. 姿態：一個人的姿態可以表現出他的態度和意圖。例如，交叉雙臂可以表現出保護和防禦，而雙手放在膝上可以表現出放鬆和舒適。

　　這些例子只是身體語言的一小部分，身體語言非常豐富和複雜，需要通過長期觀察和學習才能掌握。

第四章
鎖定目標致勝策略

心錨效應 Anchoring Effect

心錨效應(anchoring effect)是一種心理現象，指的是當人們在進行決策時，往往會過度依賴第一個接觸到的信息或數字，將其作爲參考點。這種現象在日常生活中十分普遍，可以影響我們的購物、投資、工作等多方面的決策。本文將介紹心錨效應的原理，以及如何避免受到心錨效應的影響。

心錨效應的原理
試想像八號風球，沒有東西固定船隻，錨就是固定船隻的工具，讓船不再左搖右擺。

心錨效應最早由心理學家丹尼爾·卡尼曼(Daniel Kahneman)和艾莫思·特沃斯基(Amos Tversky)在1970年代提出。他們發現，當人們在進行估算或判斷時，往往會過分依賴最早獲得的信息，卽使這些信息可能並不完全可靠。這是因爲人類的大腦在處理信息時，會自動尋求簡化和方便，因此容易受到第一印象的影響。

六次保單的故事
有一位傑出的保險從業員，他分享了他成功簽單，命中率幾乎是百份之百的技巧。他並不會要求客人一出來便簽保單，而是想著客人喜歡到哪裡玩。他每次在與客人分別時，都會先搖一搖手上的保單。直至第六次，他再搖保單，客人便很配合地簽上。

他用的方法其實很簡單，就是把開心與保單連結。

建立心錨（anchor）
選擇⟶進入⟶建立⟶測試⟶練習

建立心錨（anchor）是一種簡單而有效的技術，可以幫助人們在需要時快速進入一種放鬆、穩定和正面的心理狀態。以下是建立心錨的步驟：

1. 選擇一個正面的情緒狀態：首先，選擇一個正面的情緒狀態，例如平靜、自信、喜悅或愉悅。這個情緒狀態應該是你經常感受到的，而且能夠讓你感到放鬆和穩定。選擇一個有意義或特殊意義的詞語或短語，例如「平靜」、「力量」、「自信」、「感恩」等等。這個詞語或短語應該能夠讓你感到放鬆和舒適。
2. 進入情緒狀態：現在，閉上眼睛，深呼吸幾次，並盡可能地放鬆身體和心理。將詞語或短語與呼吸相連結：當你選擇了詞語或短語時，開始專注於你的呼吸。當你吸氣時，將詞語或短語想象成流入你的身體，當你呼氣時，想象著你的壓力和緊張感隨著呼氣流出體外。接下來，想像自己正處於上述所選擇的情緒狀態中。試著感受這種情緒狀態，並讓它充滿你的身體和心靈。
3. 建立心錨：重複使用詞語或短語：重複使用這個詞語或短語，直到你感到放鬆和冷靜。你可以在不同情況下使用這個詞語或短語，例如當你感到緊張、生氣、壓力等等。當你處於這種情緒狀態中時，請使用一種觸覺或聽覺刺激來建立心錨。例如，你可以輕輕地按一下自己的手臂，或者聽一段特定的音樂或聲音。重要的是，這種刺激應該是獨特的，與你平時經歷的其他刺激有所不同。
4. 測試心錨：現在，試著再次使用這種觸覺或聽覺刺激，並想像自己處於上述情緒狀態中。這個刺激是否能夠讓你快速進入這種情緒狀態？如果可以，那麼你已經成功建立了一個心錨。
5. 練習使用：在日常生活中將這個技巧應用起來，當你感到緊張或情緒激動時，使用這個技巧讓自己保持冷靜。如果你能夠在日常生活中練習使用這個技巧，當你真正需要時，你會更容易使用它來幫助自己保持冷靜。

重要的是，建立心錨需要一些練習和耐心。你可能需要多次練習，才能找到最適合自己的刺激和最有效的方法。一旦你成功建立了心錨，你可以在需要時使用它來快速進入一種放鬆、穩定和正面的心理狀態，例如在面對壓力或焦慮時。

心錨應用學

心錨效應是一種心理學現象，指的是人們對某個數字、概念或其他信息的初始印象會對後續的評估產生影響。這種效應在應用學上有許多應用，以下是其中幾個例子：

1. 市場營銷：在定價策略中，將產品的價格設定為一個看起來很合理的數字，例如：99元，可以通過心錨效應讓消費者認為這是一個實惠的價格，從而增加銷售量。
2. 銷售談判：在談判中，先提出一個高要價或低要價，可以通過心錨效應影響對方的評估，從而達成更有利的協議。
3. 決策裁決：在裁決中，先提供一個偏向某一方的資訊，可以通過心錨效應影響裁決者的判斷，從而達到期望的結果。
4. 品牌塑造：在品牌塑造中，通過心錨效應來塑造品牌形象，例如將品牌與高品質、時尚、創新等概念聯繫在一起，從而提高消費者對品牌的好感度和忠誠度。
5. 廣告設計：在廣告設計中，利用心錨效應來增加廣告效果，例如在廣告中使用熟悉的標誌或符號，可以通過心錨效應讓觀眾更容易記住廣告。
6. 教育評估：在評估學生時，先給出一個高或低的評分，可以通過心錨效應影響評估者的評估，從而產生不同的結果。

心錨效應在許多領域都有應用，但同時也需要注意潛在的偏見和誤導。因此，在使用心錨效應時，需要謹慎運用，並在評估結果時考慮其他因素的影響。

心錨效應的五感法門

心錨效應是一種認知心理學現象，指的是當人們在做決定或評估風險時，會受到先前暴露的資訊或訊息所影響，進而形成一個心理「錨點」，使得後續的判斷或決策會偏向這個心理錨點。

要透過五感來使用心錨效應，可以考慮以下幾點：

1. 觸覺：運用觸覺來創造身體感受，例如觸碰某種特定材質或物品，或是進行按摩、瑜珈等身體運動，這些感受可以幫助創造一個心理錨點。
2. 聽覺：透過聆聽特定聲音或音樂，例如某首歌曲或白噪音，讓這些聲音成為心理錨點。

3. 嗅覺：嗅覺可以帶給人強烈的情感體驗，例如透過燃香或擦香水，讓某種香味成爲心理錨點。
4. 味覺：味覺也可以帶給人強烈的情感體驗，例如透過食物或飲品，讓某種味道成爲心理錨點。
5. 視覺：透過觀看特定圖像、影片或場景，讓這些視覺體驗成爲心理錨點。

　　使用心錨效應的關鍵在於選擇適合自己的心理錨點，以及在需要做決策或判斷時，讓自己再次體驗這個心理錨點，進而影響自己的思考及決策。注意到使用心錨效應時，也要注意不要因爲過度偏重先前的資訊而忽略其他重要的因素。

心錨效應可以用來提升人際關係

1. 創建正面心理錨：正面心理錨可以增加與他人的聯繫和信任。例如：當你與朋友一起度過愉快的時光時，聽到一首特定的歌曲或聞到某種氣味，這些刺激就可以成爲正面心理錨。在以後的互動中，當這些刺激再次出現時，它們可以引起你和朋友之間的愉快回憶和情感，增強你們之間的連結。
2. 使用對方的名字：當你使用對方的名字時，你可以創建一個心理錨，讓對方感覺到被重視和尊重。在交談中，使用對方的名字可以幫助你建立與他們的聯繫，並讓他們感覺到你是在關心他們和與他們建立聯繫。
3. 使用正面的言語和肢體語言：當你使用正面的言語和肢體語言時，你可以創造一個積極的心理錨，讓對方感覺到你是一個友好和支持的人。例如，微笑、保持眼神接觸、鼓勵和稱讚對方可以幫助創造一個積極的心理錨，增強你們之間的聯繫和信任。
4. 重視與尊重對方的觀點：當你重視和尊重對方的觀點時，你可以創造一個心理錨，讓對方感到被理解和接受。在交談中，傾聽和回應對方的觀點可以幫助你建立與他們的聯繫，並讓他們感受到你的尊重和支持。

應用NLP的心錨（Anchoring）在商業上

應用NLP的心錨（Anchoring）在商業上可以有以下的應用：

1. 提升自信和表現：透過建立與自信、高效能狀態相關聯的心錨，可以在商業場景中快速激發這種狀態，提升自信心和表現效果。例如，在重要的商業演講前觸動心錨，可以激發自信和鎮定，提升演講的自信度和影響力。
2. 管理壓力和焦慮：透過建立與冷靜、放鬆狀態相關聯的心錨，可以在商業場景中有效地管理壓力和焦慮。當面對高壓的商業談判或決策時，激發心錨可以幫助保持冷靜和理性思考，提升處理能力和結果。
3. 建立良好的銷售技巧：透過建立與自信、影響力和說服力相關聯的心錨，可以在銷售過程中提升表現和結果。觸發心錨可以激發自信和銷售技巧，使銷售人員更具說服力和吸引力，提升客戶的信任和合作意願。
4. 建立良好的客戶關係：透過建立與信任、連結和共鳴相關聯的心錨，可以在與客戶互動時建立良好的關係。觸發心錨可以激發連結感和共鳴，加深與客戶之間的理解和互動，建立長久的合作關係。
5. 提升領導力和管理能力：透過建立與領導力、影響力和決策能力相關聯的心錨，可以在商業領域中提升領導力和管理能力。觸發心錨可以激發領導力和自信，使領導者更有魅力和影響力，有效地引導團隊和管理業務。

總之，應用NLP的心錨在商業上可以幫助提升自信和表現，管理壓力和焦慮，建立良好的銷售技巧和客戶關係，以及提升領導力和管理能力。這些技巧有助於在商業環境中取得更好的成果，建立成功的業務和團隊。

如何避免心錨效應的影響

要避免受到心錨效應的影響，可以嘗試以下方法：

1.**保持冷靜和理性**：在面對決策時，要注意保持冷靜，不要被第一個信息牽著走。可以先收集更多的資料，對比分析，再做出決策。
2.**了解心錨效應**：了解心錨效應的原理和實例，有助於提高警覺，避免在決策過程中受到心理錨定的影響。
3.**尋求客觀意見**：在面對重要決策時，可以尋求朋友、家人或專業人士的意見，他們可能會提供不受心錨影響的客觀建議。
4.**設定範圍而非單一數值**：在進行估算或判斷時，可以先設定一個合理的範圍，而不是僅依賴一個單一數值。這有助於減少心錨效應對決策的影響。
5.**定期檢討和調整決策**：定期檢討自己的決策，確保它們仍然符合當前的情況和目標。這有助於發現和修正因心錨效應造成的偏誤。

　　總之，使用心理錨可以增強人與人之間的聯繫和信任。通過創建正面的心理錨、使用對方的名字、使用正面的言語和肢體語言以及重視和尊重對方的觀點等方法，可以提升你的人際關係。

　　心錨效應是一種無法完全消除的心理現象，但了解它的原理和實例可以幫助我們在日常生活中避免受到它的影響。通過保持冷靜、理性地分析信息，尋求客觀意見，並定期檢討決策，我們可以降低心錨效應對我們的決策造成的影響，從而提高決策的質量和效果。

心錨添加資源

　　心錨效應的心點是指錨點對人們決策和判斷的影響，即人們在做出決策和判斷時，會受到已知的或者隱含的錨點的影響。心點是一個重要的概念，因為它可以幫助我們理解為甚麼心錨效應會發生以及如何利用它來影響人們的決策。

　　心錨點通常是一個數字、一個詞語或一個形象，這些錨點可以在人們的大腦中形成一個基準點，影響人們的判斷和決策。例如：當一個餐廳菜單上列出一個

高價位的菜品時，這個價格就成爲了心點，消費者會在這個心點基礎上對其他菜品的價格進行比較，並做出相應的決策。

　　心錨點是一個相對而言的概念，因爲它取決於人們在做出決策和判斷時所參考的內部或外部參考點。心點可以是一個已知的數字、價格或者詞語，也可以是一個隱含的參考點，例如文化、經驗和社交環境等。

　　總之，心錨效應的心點是指錨點對人們決策和判斷的影響。心點通常是一個數字、一個詞語或一個形象，它在人們的大腦中形成一個基準點，影響人們的判斷和決策。理解心點的概念可以幫助我們更好地利用心錨效應來影響人們的決策。

　　在認知行爲治療中，找出一個適當的心錨點需要考慮以下幾點：

1. 識別顧客的核心信念：核心信念是指對自己、他人和世界的一種基本看法，它影響著顧客的思考、情感和行爲。通過識別顧客的核心信念，可以找到一個能夠觸發正面情感的心錨點。
2. 尋找正向情感體驗：尋找顧客曾經體驗過的正向情感體驗，例如成功、幸福、自信等。這些情感體驗可以成爲心錨點，幫助顧客在負面情緒出現時重新聯想到這些正向情感體驗。
3. 考慮顧客的興趣和喜好：爲了增強心錨效應，可以考慮顧客的興趣和喜好，找到一個與他們的興趣和喜好相關聯的心錨點，例如一個音樂家可以使用與音樂相關的心錨點。
4. 尋找顧客的適應能力：顧客的適應能力可以影響他們對心錨點的反應。通過了解顧客的適應能力，可以找到一個適合他們的心錨點，使他們能夠更好地應對負面情緒和壓力。
5. 選擇適當的心錨點：選擇一個能夠引起顧客注意和興趣的心錨點非常重要。心錨點可以是一個詞語、圖像、物品或場景等，與顧客的情緒狀態密切相關，並且能夠觸發正面的情感體驗。

6. 創造印象：將心錨點與顧客的記憶和印象相關聯，以便他們在後續的情緒波動中使用。這可以通過多次重複使用心錨點來實現。例如：每當顧客經歷正面的情感體驗時，醫生可以提示顧客使用心錨點來加強這種情感體驗。

7. 創建情感聯繫：創建情感聯繫可以幫助顧客更好地控制自己的情緒和行爲反應。這可以通過讓顧客回憶正面的情感體驗、使用正面語言和積極的態度來實現。

8. 引導行爲：將心錨點與顧客的正面行爲相關聯，引導顧客在情緒波動時採取正確的行爲反應。例如，當顧客感到憂慮時，醫生可以提示顧客使用心錨點來冷靜自己，並採取積極的應對策略。

總之，在認知行爲治療中找出心錨點需要識別顧客的核心信念，尋找正向情感體驗，考慮顧客的興趣和喜好以及尋找顧客的適應能力。這些步驟可以幫助顧客找到一個適當的心錨點，幫助他們更好地應對負面情緒和行爲反應。

連結心錨

心錨連結(Chaining Anchors)是指將多個心錨點連結在一起，形成一個心理狀態的序列，以增強正向情感和應對負面情緒。以下是一些連結心錨的方法：

1. 準備多個心錨點：首先，需要準備多個心錨點，這些心錨點可以是與正向情感體驗相關聯的場景、圖像、聲音、味道等。

2. 確定心錨連結的順序：在使用心錨點時，需要確定心錨連結的順序。例如，如果你想創建一個心錨連結序列來幫助你克服焦慮，你可以將第一個心錨點與深呼吸相關聯，第二個心錨點與放鬆肌肉相關聯，第三個心錨點與想象自己在一個平靜的場景中相關聯，以此類推。

3. 訓練反應模式：通過反覆訓練，建立一種積極的反應模式，使你能夠更容易地使用心錨連結。例如，在訓練過程中，你可以重複使用心錨連結，直到你能夠迅速進入一個積極的心理狀態。

4. 創造情感聯繫：在使用心錨連結時，需要創造情感聯繫。例如，當你進入一個積極的心理狀態時，你可以將這種心理狀態與下一個心錨點相關聯，這樣可以增強正向情感和應對負面情緒。

　連結心錨點需要準備多個心錨點，確定心錨連結的順序，訓練反應模式，創造情感聯繫等方法。這些方法可以幫助你創建一個有效的心錨連結序列，以增強正向情感和應對負面情緒。

　連結心錨點可以幫助人們在負面情緒和壓力下更好地應對情況，以下是一些連結心錨點的方法：

1. 創造情感聯繫：將心錨點與正向情感體驗相關聯，創造情感聯繫。例如：當你回憶一個正向情感體驗時，可以想象或聯想到你的心錨點，以此來增強這種正向情感體驗。這樣可以幫助你在未來的負面情況下使用心錨點來應對。
2. 訓練反應模式：通過反覆練習，建立一種積極的反應模式，使你能夠更容易地使用心錨點。例如，當你使用心錨點時，可以同時進行一些身體動作，例如閉上眼睛、深呼吸或其他身體放鬆技巧，這樣可以更好地幫助你聯想到心錨點。
3. 創造聯想：將心錨點與具體的動作或場景相關聯，以創造聯想。例如，當你使用心錨點時，可以同時想像一個與心錨點相關的場景或具體的圖像，這樣可以更好地幫助你聯想到心錨點。
4. 使用語言提示：使用具體的語言提示，幫助你在使用心錨點時更容易聯想到正向情感體驗。例如，當你使用心錨點時，可以使用一些正向的短語或詞語來提示自己，例如「我感到平靜和放鬆」或「我能夠克服這種挑戰」。

　連結心錨點需要創造情感聯繫、訓練反應模式、創造聯想和使用語言提示等方法。這些方法可以幫助你更好地連結心錨點，以應對負面情緒和壓力。

行為轉移(Behaviour Transfer)
NLP是一種心理學和人類行為學的應用，通過觀察和分析人們的語言和行為

模式，來改變或增強人們的行為和思維方式。

在 NLP 中，行為轉移是一種技術，旨在將一個人在某一特定情境下的行為和思維方式，轉移到另一個情境下，以達到改變行為的目的。這種技術通常被用於幫助人們戰勝恐懼、減輕壓力、提高自尊等方面。

確定欲改變的行為──→找到一個成功的情境──→觀察和模仿──→反思經驗──→練習──→創造聯繫──→鞏固

具體來說，NLP 行為轉移的步驟如下：

1. 確定欲改變的行為：首先，確定需要改變的行為或思維方式，例如減輕公眾演講時的恐懼感。也可設定模仿範本：觀察和學習他人在不同情境下的行為和技能。通過模仿範本，我們可以將已有的技能和知識應用到新的情境中。
2. 找到一個成功的情境：接著，找到一個成功的情境，即在這個情境下，您已經掌握了需要改變的行為或思維方式。例如，您可能已經在某個私人場合中成功地發表過演講。
3. 觀察和模仿：接下來，觀察和模仿您在成功情境下的行為和思維方式。注意您的語言、姿勢、呼吸等方面，並試圖將這些元素轉移到需要改變的情境下。情境模擬：在學習過程中，營造類似的情境來練習和應用已有的技能和知識。透過情境模擬，我們可以更好地理解和應用已有的技能和知識，以及在新情境下的應用。
4. 反思經驗：對過去的經驗進行反思和學習。透過反思經驗，我們可以發現自己的弱點和不足，並且找到改進的方法。
5. 軟銷預期：在轉移學習的過程中，向自己設定具體的目標和期望。透過軟銷預期，我們可以提高自己的學習動機和效果，並且更好地應用已有的技能和知識。
6. 練習：試誤學習，在新情境下嘗試應用已有的技能和知識，不斷嘗試和調整，找到最適合的方法和策略。自我監控：對自己在新情境下的表現進行監控和評

佔，找到自己的問題和不足，及時調整和改進。

7. 創造聯繫：在新情境下，將已有的技能和知識與新的情境相關聯，找到兩者之間的共通點和聯繫，以便更好地應用已有的技能和知識。

8. 鞏固：最後，通過在需要改變的情境下練習，逐步鞏固新的行為和思維方式，以達到改變行為的目的。

　　NLP行為轉移是一種有效的技術，可以幫助人們改變不良的行為和思維方式，並增強自信和自尊，行為轉移是一種重要的學習方式，通過以上方法，我們可以更好地應用已有的技能和知識，在不同的情境中取得成功。

改變個人歷史：人格工程師感覺錨點

　　催眠師有很多身份，其中一個是「人格工程師」。
　　甚麼是「人格工程師」？

　　顧名思義就是構造我們人格的工程人員。
　　「人格」也可構造？如何構造？

　　相信大家都玩過一些心理測驗，例如九型人格十六種人格等，我們好奇想知道自己是那一種人格的人，但有否想過我們的人格是如何構成？

　　構成人格大概可分為：記憶、經歷、想法、別人、學習、知識、思維模式和意識形態等，其實可以簡單歸納為「感覺」。

　　「感覺」是一種很神奇的東西，是一錨點。

　　常言道：「有甚麼感覺，就有甚麼想法。有甚麼想法，有甚麼行為。有甚麼行為，有什結果。有甚麼結果，有甚麼命運」。

「感覺決定命運」，感覺由一大堆東西而構成，由感官探索接收開始，而產生五感，而集合成為第六感，再儲存在我們的潛意識中，之後再等待再啟發後，又再一次變異而成「新六感」再儲存、再啟發、再變異，異變變異下循環不息而形成了我們的人格。

催眠師會用不同方法去刺激、方法、形造你的感覺，有時我們的感覺會被扭曲（distortion）、刪除（deletion）或破壞，催眠師或NLP會幫助人們矯正、重獲、修補，曾被影響的感覺。

我有一個個案，他有幽閉恐懼症，
他很害怕漆黑一片，對漆黑感覺十分恐懼，
這是一個感覺，這個感覺構成了他人格的一部分。

我首先會坐在他身邊，要求他閉上眼睛，在他漆黑的世界中，加上音樂，用音樂刺激他的耳官，讓他聽一首和星空有關的歌曲，聽覺上的滿足，有效地分散了恐懼，加我的聲音導航，啟發他的感覺，讓他幻想漆黑中還有一點點光，一點點星光。

我慢慢再點上香薰，讓空間瀰漫?清新的味道，香味開啟了臭覺，繼續有效地淡化恐懼感，加上美妙感，「幻想」、「音樂」、「香味」，矯正他對漆黑的誤解和淡化其恐懼的感覺。

之後我開始不在他身邊，讓他自己練習自己，

慢慢練習了兩星期，
我為他戴上眼罩練習，
慢慢又過了三星期，
我找來一個大紙皮箱，讓他獨立進入訓練，

三個月後他完全改變了對漆黑的感覺，一點也不害怕，
他現在的漆黑就只有美麗的星空?香氣和音樂，完全沒有恐懼了。

一個「漆黑的恐懼」影響了他的生活，構成他人格的一部分，改變了感覺改變了他的世界，改變了他的人格。

所以催眠師就著「五感」(five senses)來成為大家的「人格工程師」。

構建錨點的領域

奇妙光環

在一個圈上構建錨點是一種常用的心理學技巧，可以幫助人們在特定情境下保持冷靜、自信和集中注意力。以下是在一個圈上構建錨點的步驟：

1. 找一個安靜的地方坐下來，放鬆身體和心靈，深呼吸幾次，讓自己進入一種寧靜和平靜的狀態。
2. 想像自己站在一個圓形的平台上，這個平台可以是任何你想象得到的大小和形狀，但最好是足夠大，以容納你的身體和周圍的環境。
3. 當你感覺到自己完全進入了這個圓形平台，開始將自己與特定的情境、情感或目標聯繫起來。例如，你可以想像自己正在面試或演講，或者想像自己在運動場上取得勝利。
4. 當你感覺到自己完全投入到這個情境中，開始在圓形平台上找一個點或一個符號，作為你的錨點。這可以是一個顏色、一個符號、一個圖案或任何你想象得到的東西。當你找到這個錨點時，將它牢記在心，讓它成為你與這個情境聯繫的標誌。
5. 當你需要在這個情境中保持冷靜、自信或集中注意力時，回想起這個錨點。想像自己站在圓形平台上，看著這個錨點，讓自己進入這個情境中，並讓這個錨點幫助你保持冷靜、自信和集中注意力。

練習構建錨點需要時間和耐心，但是一旦你掌握了這個技巧，它可以成為一個有用的工具，幫助你在壓力下保持冷靜和自信。

神經語言程式學(NLP)的模仿學(Role Model)

確定模型→觀察和模仿→分解過程→練習和鞏固→自我評估和調整

在NLP中，模仿方法是一種通過模仿成功人士的行為和思維方式，來增強自己的能力和自信心的技術。

具體來說，NLP 模仿方法的步驟如下：

1. 確定模型：確定需要模仿的對象，首先NLP模仿的第一步是確定一個成功的人或一組擁有你希望學習的技能或行為的人。這可以是任何人，這可能是您的老師、同事、家人或其他成功的人士或從成功的商業領袖到熟練的運動員都可以。確定您希望模仿的對象，該對象應該在您希望增強的方面具有相當的能力和經驗。

2. 觀察和模仿：接下來，一旦確定了你的模型，下一步是觀察和分析他們的行為和策略。這可能涉及觀看他們的表現視頻，閱讀他們的書籍或文章，甚至直接採訪該人。觀察和模仿您的對象的行為和思維方式。注意您的對象的語言、姿勢、呼吸、思維模式等方面，並嘗試將這些元素轉移到您自己的行為和思維方式中。

3. 分解過程：一旦觀察和分析了模型的行為和策略，下一步是將過程分解為其組成部分。這涉及識別該人用於實現目標的具體步驟和思維過程。

4. 練習和鞏固：NLP模仿的最後一步是練習和仿效模型的行為和策略。這可能涉及練習特定的技能或行為，直到它們變得自然，或採用與你的模型相同的心態和思維過程，以實現目標。通過在實際情境中練習和應用新的行為和思維方式，逐步鞏固這些新的技能和習慣。在練習的過程中，持續觀察和調整自己的行為和思維方式，以適應不同的情境和需求。

5. 自我評估和調整：定期進行自我評估和調整，確定您的行為和思維方式是否符合您的目標和價值觀。如果需要，進行必要的調整和修正，以確保您的行為和思維方式能夠適應不斷變化的情境和需求。

選擇什麼模仿對象？

以下是一些NLP模仿技術的應用例子：

1. 商業領袖模仿：一個企業家希望學習一位成功的商業領袖的行為和策略，以幫助他的企業成功。他使用NLP模仿技術觀察和分析該商業領袖的行為和策略，並開始模仿他們的成功行為，如成功的溝通技巧、決策策略和領導風格等。
2. 運動員模仿：一名運動員希望學習一位成功的運動員的技能和策略，以幫助他在比賽中表現出色。他使用NLP模仿技術觀察和分析該運動員的技能和策略，並開始模仿他們的成功技能，如專注力、自信心和心理準備等。
3. 自信心模仿：一個人希望建立更強的自信心。他使用NLP模仿技術來觀察和分析自信的人的行為和策略，並開始模仿他們的成功行為，例如積極的內部對話、身體語言和自我肯定的陳述等。
4. 職業發展模仿：一個人希望在職業生涯中取得更大的成功。他使用NLP模仿技術來觀察和分析成功的人的職業策略，並開始模仿他們的成功策略，如積極的自我推廣、有效的時間管理和建立積極的工作關係等。

這些例子展示了NLP模仿技術可以應用於各種不同的場景和目標，以幫助個人提高技能和實現目標。

通過遵循這些步驟，個人可以使用NLP模仿方法從成功人士的行為和策略中學習，並將這些教訓應用於自己的生活中。這可以幫助個人更有效地實現目標，並發展達到成功所必需的技能和心態。NLP模仿方法是一種有效的技術，可以幫助人們增強自己的能力和自信心，並在不斷變化的環境中取得成功。通過觀察和模仿成功人士的行為和思維方式，並進行練習和鞏固，您可以逐步發展出自己的獨特風格和能力，並實現自己的目標和夢想。

第五章
商業技巧大全

以下文字皆呼應以上所提出的論點，並作進一步整合，故言商業技巧大全。

推銷的十大技巧

1.**瞭解客戶**：了解他們的需求、痛點和期望。
2.**建立關係**：人們更願意從他們信任的人那裡購買。
3.**有效的提問**：用開放式問題挖掘客戶的真正需求。
4.**特點、好處、優勢**：確定產品的特點，說明其好處，並區分競爭對手的優勢。
5.**展示而不是告知**：使用故事、示例或實際操作來展示產品的效果。
6.**處理反駁**：預先了解可能的反駁，並準備答案。
7.**閉合技巧**：學會在合適的時候詢問銷售。
8.**持續學習**：了解行業趨勢、新技術和銷售策略。
9.**跟進**：銷售後的跟進可以促使再次購買並獲得推薦。
10.**個性化銷售**：每位客戶都是獨特的，根據他們的特點調整銷售策略。

    如何運用NLP提高推銷技巧：
1.**建立即時連接**：透過模仿客戶的語言和身體語言建立關係。
    例子：如果客戶使用「覺得」這個詞，例如說：「我覺得這可能不適合我」，則回答：「我明白你怎麼覺得，讓我解釋一下為什麼這可能適合你。」
2.**正面鑲嵌命令**：在句子中隱藏指令，使客戶不知不覺地被吸引。
    例子：「當你使用這款產品，你會發現它有多麼有效。」

3.**語言模式的選擇**：使用影響力的語言模式，例如假設句子。

　例子：「當你開始使用這個，你會驚訝於它帶來的變化。」

4.**使用隱喻和故事**：故事和隱喻可以使複雜的信息更容易理解，也可以產生情感的連接。

　例子：「這個產品就像是一把打開成功之門的鑰匙。」

5.**利用客戶的代表系統**：注意客戶主要的感官系統(聽覺、視覺、感覺)並使用相應的語言。

　例子：對於視覺型客戶，你可以說：「想像一下這個產品是如何完美地融入你的生活的。」

NLP在Presentation演說技巧

　　商業中的演示或presentation是一個重要的技能，通常涉及向客戶、管理層、同事或其他利益相關者傳達信息或提案。以下是一些建議的重點，以及如何使用NLP提高您的演示技巧：

在商業演示中應注意的事項：

1.明確目的：確定演示的目的和您希望觀眾採取的行動。

2.了解您的觀眾：了解他們的需求、期望和任何可能的反對意見。

3.結構清晰：確保您的演示有清晰的開始、中間和結束。

4.視覺輔助：使用PPT或其他視覺工具來輔助您的點。

5.練習：在真正的演示之前多次練習。

6.身體語言：保持開放和自信的姿勢，避免封閉的身體語言。

利用NLP的技巧：

1.**建立即時的連接**：利用鏡像技巧(mirroring)來模仿觀眾的身體語言，建立與他們的即時連接。

　例子：如果您的觀眾坐得很直，您也可以這樣做。這可以建立無意識的連接。

2.**使用強烈的語言模式**：利用NLP的語言模式，使信息更有說服力。

例子：使用嵌入式命令，如「你可能會發現這個提案特別吸引人。」

3.**感官代言**：了解觀眾的主要感知系統（視覺、聽覺、動覺）並針對他們說話。

例子：對於視覺型人，可以說「你看到的是……」；對於聽覺型人，可以說「你聽起來像……」。

4.**前鋪技巧**：在提到主要信息之前先提及相關的觀念或想法。

例子：在提出一項新提案之前，先說明市場上的一般趨勢，這樣當您提出提案時，觀眾已經有了背景知識。

5.**使用故事**：故事可以使信息更有吸引力，並幫助觀眾記住。

例子：分享一個成功案例來說明您提案的有效性。

　　利用NLP的技巧，您不僅可以使您的演示更有說服力，而且還可以建立更強烈的與觀眾之間的連接，從而達到所需的效果。

NLP提高與客戶的溝通技巧

1.**鏡像技巧**：模仿客戶的語言模式和身體語言以建立更好的連接。

例子：如果客戶說：「我覺得……」，你可以回應：「我明白你的感覺……」。

2.**語言模式**：使用正面和積極的語言，避免否定。

例子：而不是說：「我們不能在週五之前做到」，說：「我們可以在下週一做到」。

3.**後設模式問題**：使用NLP的後設模式問題深入了解客戶的需求。

例子：客戶說：「我需要更快的交貨時間。」你可以問：「具體來說，你希望在什麼時候收到它？」

4.**轉換代表系統**：根據客戶的主要感知系統（視覺、聽覺、觸覺）調整您的語言。

例子：對於視覺型客戶，您可以說：「你看到的是……」。

5.**正面鑲嵌命令**：在語句中嵌入指令性的建議。

例子：「我確信，您會看到這個方案的好處。」

6.故事講述：使用故事和隱喻來解釋複雜的概念或提案。

例子：將一個成功的客戶案例作爲一個故事來說明您的點。

這些NLP技巧可以幫助您更有效地與客戶溝通，建立信任並提供更好的服務。

NLP商業創新技巧

在商業中，創新是維持競爭力和滿足變化市場需求的關鍵。以下是關於商業創新的重要理論、我們應該注意的事項，以及如何使用NLP在創新中表現出色：

1.重要理論：破壞性創新理論（由克里斯坦森提出）

這理論指出，新進公司經常通過提供簡單、便宜的替代品打敗市場上的領先公司。

NLP理論：模型化 - 通過模仿成功人士的思維、行爲和信仰模式來達到成功。

例子：

· 分析成功的破壞性創新公司，如Netflix或Airbnb，找出他們的成功模式。

· 進行內部訓練，教授員工如何模仿這些成功模式。

· 透過模型化技巧，改進產品或服務以更好地滿足客戶需求。

· 訪問行業內的創新者，了解他們的思考方式和策略。

· 創建一個內部团隊，任務是模仿和應用這些策略。

2.我們應該注意的事項：保持開放的心態。成功的創新往往來自意想不到的地方，需要不斷地學習和適應。

NLP理論：選擇性感知 - 我們總是會注意到確認我們已有信仰的事物，而忽略其他事物。

例子：

· 進行培訓，教授員工如何識別和挑戰自己的偏見和假設。

· 使用反饋循環來確保員工保持開放的心態。

· 組織跨部門工作坊，鼓勵不同背景的員工交流和分享見解。

· 邀請行業外的專家來分享他們的觀點和經驗。

· 定期評估和調整策略，以確保公司始終保持開放的心態。

這只是關於如何在商業創新中應用NLP的一些基礎建議。當然，每家公司和每個行業都有自己的獨特挑戰和需求，但這些建議可以提供一個開始的方向。

NLP說服高管接受你創新意見技巧

當試圖說服公司高管接受創新意見時，你可能會面對一些困難，因為他們可能更偏向於保守或風險較低的策略。然而，使用NLP技巧可以幫助你更有效地溝通和說服他們。

1.建立信任和親和力

NLP理論：鏡像技巧(Mirroring)— 透過模仿他人的身體語言、語調和說話速度來建立與他人的連接。

例子：

1.注意高管的語調和速度，然後匹配他們。

2.觀察高管的肢體語言，嘗試反映類似的姿勢。

3.使用與高管相似的詞彙和語言模式。

4.注意高管的呼吸模式，並嘗試與之同步。

5.在談話中反映高管的情感和感受。

2.創建願景 NLP理論：

積極的預設(Positive Presupposition)— 預先假設結果將是正面的，並通過語言暗示這一點。

例子：

1.「當我們實施這個計劃，客戶將會如何反應？」

2.「一旦這個新策略開始產生效果，我們可以預期的利潤是什麼？」

3.「這項創新將如何幫助我們超越競爭對手？」

4.「當員工看到這種改變的積極影響，他們的士氣將如何？」

5.「一旦這個創新被實施，我們的市場份額將如何增長？」

3. 讓他們感受到需求

NLP理論：疼痛-快樂原則（Pain-Pleasure Principle）— 人們總是想要避免疼痛並尋求快樂。

例子：

1.描述不採取行動的後果，如：「如果我們不進行這次創新，我們可能會失去多少客戶？」

2.講述一個關於沒有創新而導致失敗的故事。

3.描述創新後可能帶來的快樂和成功。

4.使用故事或例子來強調不創新的風險。

5.強調如何透過創新減少疼痛或困難。

這些NLP技巧和例子可以幫助你更有說服力地與高管溝通，讓他們認識到創新的重要性並接受你的意見。

NLP增強團隊凝聚力

建立和維護強大的團隊凝聚力對於任何公司都是至關重要的。運用NLP技巧可以幫助改善團隊間的溝通和互動，從而增強凝聚力。

1. 增進理解和同情

NLP理論：感知定位（Perceptual Positions）— 學會從他人的角度看待問題。

例子：

1.團隊訓練活動中，讓成員模仿其他成員的角色。

2.透過反思，讓每個成員思考他們如何影響到其他人。

3.組織角色扮演活動，模擬不同的工作情境。

4.進行團隊討論，鼓勵成員分享他們的感受和看法。

5.設定問題，讓團隊思考如何從其他部門的角度解決。

2.建立信任和正面回饋

NLP理論：錨定(Anchoring)－利用特定的刺激觸發正面的情感反應。

例子：

1.每次團隊成功時，都進行一次特定的慶祝活動。

2.使用特定的口頭或身體語言，鼓勵和讚美團隊成員。

3.每週定期進行肯定和鼓勵的分享時刻。

4.創建一個正面回饋的版面，允許團隊成員匿名或公開留言。

5.通過特定的音樂或歌曲，在每次團隊活動開始時建立積極的氛圍。

3.增強目標共識

NLP理論：重新編碼(Reframing)－改變看待事物的角度或語境。

例子：

1.當團隊面臨困難時，將它重新定義為一個學習機會。

2.將每個小的失敗視為成功道路上的一個小挫折。

3.討論目前的挑戰，並從不同的角度看待它。

4.重新詮釋每個團隊成員的角色，使其更符合團隊的整體目標。

5.舉行工作坊，幫助團隊成員重新定義他們的個人和團隊目標。

NLP增強團隊的合作技巧

利用這些NLP技巧和例子，你可以增強團隊的合作和凝聚力，從而更有效地達成目標。

如果你想讓團隊在公司中脫穎而出，有一些策略可以運用，同時結合NLP來增強效果：

1. 明確定義目標和期望

NLP理論：設定目標(Goal Setting)— 使用正向、具體和具有時間感的語言描述你想達到的目標。

例子：

1. 設定明確的短期和長期目標。

2. 使用可測量的指標來確定進度。

3. 透過定期的會議和反饋來確保目標保持一致。

4. 慶祝達到的每一個小目標。

5. 重新評估和調整目標，以確保其始終與公司的大方向一致。

2. 提高溝通效率

NLP理論：鏡像(Mirroring)— 通過模仿他人的語言、聲音和身體語言來建立信任。

例子：

1. 在談話中模仿對方的語速和音調。

2. 注意並回應團隊成員的身體語言。

3. 在討論時確保每個人都有發言的機會。

4. 定期舉行團隊建設活動以增強團隊之間的關係。

5. 使用團隊成員喜愛的溝通方式，如電郵、訊息或面談。

3. 激勵和獎勵表現優異的團隊成員

NLP理論：正向增強(Positive Reinforcement)— 經常給予正面反饋來增強特定的行為。

例子：

1. 定期舉行表彰儀式，獎勵表現優異的團隊和個人。

2. 提供具體和正面的反饋，如「你在這個項目中的表現真的很出色」。

3.給予即時的讚賞和獎勵。

4.創建一個激勵制度，例如獎金或其他福利。

5.公開展示團隊的成就，如公司內部的公告板或新聞稿。

透過運用這些NLP策略和技巧，團隊不僅能在公司內部脫穎而出，更能實現更高效和卓越的業績。

NLP處理衝突技巧

在商業上處理衝突是非常重要的，特別是當你希望維持一個健康、高效率的工作環境。以下是一些有關衝突處理的理論，及如何運用NLP技巧來解決商業上的衝突：

1.衝突的成因認識

·瞭解衝突的成因是解決任何衝突的第一步。

NLP理論：後設模式（Meta Model）— 通過提問來澄清模糊不清的信息。

例子：

·當員工說：「他總是不合作時」，問：「你是指什麼情況下他不合作?」

·用開放式問題探討衝突的具體原因。

·持續提問，直到找到衝突的真正原因。

·避免假設，而是用問題去驗證。

·識別語言中的模糊性，並要求更多的具體信息。

2.有效的溝通

·衝突經常是由於缺乏溝通或誤解而引起的。

NLP理論：換框（Reframing）— 改變情境或語境，以改變其意義。

例子：

·如果團隊認為一項任務是困難的，可以轉換為「這是一個成長的機會」。

· 將批評改爲建設性的反饋。
· 如果有人認爲他們的意見被忽略，可以表達爲「我們需要你的專業知識」。
· 重新定義失敗爲學習經驗。
· 轉變團隊之間的競爭爲合作。

3.建立共識
· 在多數情況下，衝突可以通過找到共同點和達成共識來解決。
NLP理論：建立關聯(Rapport Building)— 通過模仿他人的語言、聲音和身體語言來建立信任。
例子：
· 注意並模仿對方的語調和語速。
· 使用開放身體語言。
· 通過共享經驗或故事來建立關聯。
· 找到和對方的共同興趣或價值觀。
· 在溝通中保持眞誠和透明。

通過運用這些NLP策略和技巧，您不僅能有效地處理商業衝突，還可以避免未來的衝突，促進公司的整體和諧和效率。

NLP創造共贏技巧

在商業中創造共贏是實現持續增長的一個重要方面。以下是有關如何實現商業共贏的一些建議，以及如何通過運用NLP技術來優化這一過程：

1.共贏協商
· 這種策略的核心是找到一種雙方都滿意的解決方案，而不是僅僅滿足一方的需求。
NLP理論：建立關聯(Rapport Building)

例子：

- · 通過模仿談判對手的語言和身體語言建立信任。
- · 使用有效的聆聽技巧來理解對方的需求。
- · 詢問開放式問題以獲取更多的信息。
- · 共同定義成功的衡量標準。
- · 誠實和透明地分享您的意見和需求。

2.共同價值觀和目標

- · 為確保共贏，確保所有參與者都有共同的目標和價值觀是至關重要的。

NLP理論：視覺、聽覺、動感(VAK)模型

例子：

- · 使用語言來訴諸對方的主要感官模式(例如，對於視覺型人，使用「我看到了這個方案的潛力」)。
- · 用故事或比喻描述共同的目標。
- · 用具體的例子來說明如何實現共同的價值。
- · 使用圖表和視覺工具來展示共同的方向。
- · 透過與對方共同參與的互動練習來確認目標。

3.開放和透明的溝通

- · 確保雙方都明白對方的需求和擔憂是實現共贏的關鍵。

NLP理論：換框(Reframing)

例子：

- · 如果對方提出擔憂，試著從不同的角度看待問題，並提供新的框架。
- · 把挑戰視為機會。
- · 如果有歧見，探索其他的視角或解釋。
- · 在討論困難主題時使用肯定語氣。
- · 試著找到中間地帶或妥協方案，以達到共贏。

通過這些策略和NLP技術，您將能夠在商業場景中更有效地創造共贏情境。

NLP危機處理技巧

在商業中，當公司面臨危機時，能夠迅速且有效地應對是非常重要的。以下是一些建議，以及如何運用NLP技術來優化危機處理過程：

1.即時回應

· 當危機發生時，迅速的回應是非常重要的，這可以避免錯誤的信息傳播。

NLP理論：建立關聯（Rapport Building）

例子：

· 通過同情和理解的語言回應受影響的人。

· 使用誠實和透明的語言與公眾建立信任。

· 聆聽公眾的反饋，確認他們的擔憂。

· 調整語氣和語言以適應目標受眾。

· 利用身體語言建立信任和安慰。

2.事實核查

· 確保提供的信息是正確和最新的。

NLP理論：視覺、聽覺、動感（VAK）模型

例子：

· 使用具體的事例和數據來支持說法。

· 視覺化資料以增強訊息。

· 聆聽公眾的質疑並給予回應。

· 用故事或比喻來解釋複雜的概念。

· 透過互動和示範來說明事實。

3.解決方案導向

· 而不是僅僅描述問題，還要提供具體的解決方法。

NLP理論：換框（Reframing）

例子：

· 將挑戰描述爲機會。
· 提供新的解決方法框架。
· 詢問公衆或團隊的意見,共同尋找解決方案。
· 重點強調解決方案的好處。
· 認識到存在的障礙,但重視解決它的方法。

通過這些策略和NLP技術,您將能夠在商業危機中更有效地回應和應對。

NLP建立品牌技巧

在商業中建立一個成功的品牌需要策略、研究和連續性的努力。以下是如何有效地建立品牌的建議以及如何運用NLP的技巧:

1.明確品牌定位
· 知道品牌代表什麼以及與其他品牌的區別。
NLP理論:代入角色(Perceptual Positions)
例子:
· 從消費者的角度思考品牌信息。
· 調整語言和溝通方式以適應目標市場。
· 使用故事敍述來建立品牌形象。
· 聆聽消費者的反饋,不斷調整。
· 定期檢查品牌訊息是否與消費者期望一致。

2.建立品牌故事
· 一個有吸引力的故事可以與消費者建立情感連接。
NLP理論:故事敍述(Meta Model & Milton Model)
例子:
· 使用生動的語言描述品牌的起源。

· 通過故事傳達品牌的價值觀。

· 將消費者的故事融入品牌中。

· 用故事解釋品牌如何解決消費者的問題。

· 利用隱喻或比喻增強故事的吸引力。

3.與消費者建立關聯

· 品牌需要與其目標市場建立深厚的關聯。

NLP理論：建立關聯（Rapport Building）

例子：

· 使用消費者熟悉的語言和詞彙。

· 調整體態和語音以與消費者保持一致。

· 進行活動或活動以深化與消費者的關聯。

· 注意與消費者之間的反饋，建立長期關系。

· 在品牌溝通中，展示對消費者關懷和價值的認識。

通過運用這些建議和NLP技巧，您將能夠更有效地建立和維護您的品牌形象。

NLP使客戶對公司及產品留下深刻而美好的印象技巧

商業中，要使客戶對公司及產品留下深刻而美好的印象，我們需要綜合多方面的策略。以下是一些建議以及如何運用NLP技巧來強化客戶的正面印象：

1.產品或服務的品質

· 始終確保產品或服務的高品質，以符合或超越客戶的期望。

NLP理論：Sensorial Acuity（感知敏銳度）

例子：

· 持續收集客戶反饋，調整產品特性。

· 訓練銷售團隊注意客戶的非語言反應。

· 在產品展示中，強調具有感官吸引力的特點。

· 用客戶的語言描述產品的好處。

· 模仿成功的品牌或產品，但在某些方面進行改進以超越它們。

2.出色的客戶服務

· 提供高效、友善和及時的客戶支持。

NLP理論：Rapport Building（建立關聯）

例子：

· 使用鏡射技巧與客戶建立連接。

· 透過良好的聆聽技巧理解客戶的需求。

· 用肯定的語言回應客戶的問題或擔憂。

· 在交流中使用正面、激勵的詞彙。

· 模仿客戶的語速和音調以建立更深的關聯。

3.獨特的品牌故事

· 創建一個引人入勝、與眾不同的品牌故事。

NLP理論：Meta Model & Milton Model（後設模式和密爾頓模型）

例子：

· 使用開放式問題引導客戶進一步探索品牌。

· 使用隱喻和敘事技巧傳達品牌的核心價值觀。

· 透過生動的描述讓客戶感受品牌的魅力。

· 講述與品牌相關的成功故事或案例。

· 使用語言模式引導客戶想像他們與品牌的未來。

NLP尋找新的客戶技巧

通過遵循這些建議和NLP策略，您的公司不僅可以在市場上與競爭對手區分開來，而且還可以獲得客戶的信賴和忠誠度。

在商業上，尋找新的客戶是至關重要的。爲了有效地吸引和獲得新客戶，我們需要結合多種策略和技巧。以下是一些建議以及如何運用NLP技巧提高尋找新客戶的效率：

1. 明確目標客群
· 定義和理解你的目標客戶，知道他們的需求、痛點和喜好。
NLP理論：Representational Systems（代表系統）
例子：
· 通過語言選擇理解潛在客戶偏好的思考模式（視覺、聽覺、感覺）。
· 使用適當的語言模式來吸引不同類型的客戶。
· 在市場研究中使用NLP技巧來深入了解客戶的眞正需求。
· 通過故事或案例來解釋產品，以便更好地吸引目標客戶。
· 在銷售過程中使用觸發詞語以增強客戶的購買意願。

2. 優化行銷策略
· 使用正確的行銷頻道和策略來吸引目標客戶。
NLP理論：Anchoring（鑲錨技巧）
例子：
· 通過廣告或銷售語言建立正面的情感鑲錨。
· 在品牌活動中使用音樂或圖像來建立鑲錨。
· 在與客戶互動時，經常重新激活這些鑲錨。
· 用成功的客戶故事作爲鑲錨，鼓勵新客戶購買。
· 定期重複有效的銷售信息以鞏固鑲錨效果。

3.建立關係

· 與潛在客戶建立真正的人際關係，以增強信任和忠誠度。

NLP理論：Rapport（建立良好的關係）

例子：

· 使用鏡射技巧來模仿潛在客戶的身體語言和語調。

· 透過良好的聆聽技巧來理解和回應客戶的需求。

· 在對話中使用相似的詞彙和語言結構。

· 顯示真正關心和理解他們的需求。

· 定期與他們互動以維持和加強關係。

NLP尋找並吸引新的客戶技巧

運用這些建議和NLP技巧，您的公司可以更有效地尋找並吸引新的客戶。

在商業中，為公司尋找新的發展方向是一個持續的挑戰。有許多理論和策略可以幫助公司確定新的增長機會和方向。以下是一些重要的理論，以及如何使用NLP技巧幫助確定和執行新的策略：

1.SWOT分析

· 評估公司的優勢、劣勢、機會和威脅以確定新的發展方向。

NLP理論：Meta Model（後設模式）

例子：

· 透過提問深入了解公司目前的狀況。

· 使用NLP技巧挑戰現有的假設和一般化的觀點。

· 透過後設模式確定公司缺少哪些資訊或觀點。

· 使用NLP提問技巧確定哪些機會可以利用。

· 通過NLP訓練提高團隊的溝通和判斷能力，更好地分析SWOT結果。

2. 藍海策略

· 尋找市場中未被滿足的需求，創建新的市場空間，避免與競爭對手直接競爭。

NLP理論：Future Pacing（預見未來）

例子：

· 使用未來預見幫助團隊視覺化新市場的可能性。

· 透過NLP技巧將團隊帶入未來的成功場景，增強其對新方向的信心。

· 在策略討論中運用「假設語言」探索不同的可能性。

· 使用故事敍述來描述新市場的潛在顧客和他們的需求。

· 通過NLP技巧幫助團隊克服對新策略的懷疑和恐懼。

3. 增長駭客策略

· 透過創新的市場策略和技巧快速增長。

NLP理論：Anchoring（鑲錨技巧）

例子：

· 使用鑲錨技巧在客戶中建立品牌意識。

· 透過有效的口號或廣告信息建立強烈的情感聯繫。

· 使用正面的客戶評價作爲鑲錨，增強新客戶的信任。

· 在新產品推出時，回顧過去的成功案例以鞏固品牌形象。

· 在市場策略中使用鑲錨確保客戶的回購。

透過上述的策略和NLP技巧，公司可以更有效地確定和執行新的發展方向。

NLP幫公司走出困境技巧

在商業上，爲公司走出困境是一大挑戰。以下是一些重要的策略和理論，以及如何利用NLP技巧來助你公司走出困境：

1. 轉型管理(Change Management)

· 理解、接受、執行和鞏固變革過程中的各個階段。

NLP理論：Re-framing(重框架)

例子：

· 當公司遇到問題時，利用重框架技巧將其視爲學習和成長的機會，而非威脅。

· 幫助員工從不同的角度看待變革，如將其視爲機會而非危機。

· 透過問題重組，將大問題分解爲小問題，使其更易於解決。

· 透過情境重構，讓員工明白變革的長遠影響和益處。

· 使用NLP技巧，如視覺、聽覺和感覺提示，幫助員工適應和接受變革。

2. 緊急管理(Crisis Management)

· 有效應對和管理突如其來的危機。

NLP理論：State Management(狀態管理)

例子：

· 當公司面臨緊急情況時，使用NLP技巧幫助管理層和員工保持冷靜，集中精力應對危機。

· 透過深呼吸、正念和其他狀態管理技巧，幫助員工降低焦慮和壓力。

· 使用正面肯定語言幫助團隊保持正面和積極的心態。

· 在解決危機時，確保團隊有共同的目標和期望。

· 透過NLP技巧，提高員工的自我意識，使他們更加明白自己的情感和反應，從而更好地應對緊急情況。

3. 再創新策略(Re-innovation Strategy)

· 重新評估公司的核心價值和產品，並找到新的增長機會。

NLP理論：Meta Model(後設模式)

例子：

· 透過深入的提問，重新定義公司的核心價值和市場位置。

· 使用後設模式挑戰現有的假設和限制信念。

· 幫助團隊深入了解市場和客戶的眞正需求。

· 透過NLP技巧，開放新的思考和創意的可能性。

· 使用NLP工具，如心靈地圖，幫助團隊視覺化新的策略和方向。

通過上述的策略和NLP技巧，公司可以更有效地走出困境，找到新的發展機會。

NLP在商業場中展現所能技巧

在商業場景中展現所能，需要理解競爭、戰略、溝通和人際互動等多方面的知識和技能。以下是幾個核心理論和策略，以及如何利用NLP技巧來優化您在商場上的表現：

1.競爭優勢理論(Competitive Advantage)

· 識別並強化您的獨特價值提議。

NLP理論：Anchoring(錨定)

例子：

· 透過正確的言語和行為，建立品牌或產品的正面形象，使其在消費者心中形成強烈的聯想。

· 在銷售過程中，利用錨定技巧強化產品的獨特價值提議。

· 在重要的商業場合中，使用錨定技巧確保您的觀點或建議受到重視。

· 利用NLP技巧建立信心，強調自己在行業中的專業和獨特性。

· 透過模仿成功的競爭對手或行業領袖，吸收並應用他們的成功要素。

2.SWOT分析

· 評估自身的優勢、弱點、機會和威脅。

NLP理論：Meta Model(後設模式)

例子：

· 透過提問和探索，深入了解企業的核心能力和潛在障礙。

· 利用後設模式質疑和擴展思考，找出隱藏的機會和潛在威脅。

· 在策劃商業策略時，運用NLP技巧確保所有關鍵領域都得到考慮。

· 通過模仿成功的競爭對手，尋找改進的機會。

· 使用NLP提問技巧，在團隊討論中鼓勵開放性和創意思考。

3. 價值創建 (Value Creation)

· 提供超出客戶期望的價值。

NLP理論：Rapport Building (建立關係)

例子：

· 利用NLP的鏡射和回應技巧，與客戶建立深厚的信任關係。

· 通過了解客戶的語言模式和行為，更好地理解他們的需求和期望。

· 在與客戶互動時，運用NLP技巧提高溝通的效果和效率。

· 透過有效的問問和反饋，不斷優化提供的產品或服務。

· 使用NLP技巧，如心靈地圖，幫助團隊清晰地視覺化客戶需求，從而更好地滿足他們。

　

透過這些核心策略和NLP技巧，您可以在商場上更加自信地展現自己，並提供出色的價值和服務。

NLP找到有才能的員工技巧

在商業環境中找到有才能的員工是非常重要的，因為正確的人選可以促進公司的發展和成功。以下是一些建議和相關的NLP策略，可以幫助您有效地找到有才能的員工：

1. 適合度理論 (Person-Job Fit Theory)

· 著重於個人的技能和資質與工作需求之間的匹配。

NLP理論：Meta Model (後設模式)

例子：

· 在面試中使用開放性問題，深入瞭解應聘者的技能和經驗。
· 使用後設模式質疑模糊或籠統的回答，確保獲得具體和明確的資訊。
· 通過NLP的模式識別，識別應聘者的思考和學習模式。
· 分析應聘者的語言模式，以判斷其潛在的適合度。
· 用問題和後設模式，確定應聘者的長期職業規劃和動機。

2. 公司文化匹配（Organizational Culture Fit）

· 考慮應聘者的價值觀、態度和行為是否與公司的文化和價值觀相匹配。

NLP理論：Rapport Building（建立關係）

例子：

· 透過鏡射和回應技巧，與應聘者建立更深入的關係。
· 注意應聘者的語言模式和行為，判斷其是否能夠融入公司文化。
· 使用NLP技巧，識別應聘者與公司價值觀之間的共鳴。
· 在面試中利用NLP技巧，提問以瞭解應聘者的內在動機和價值觀。
· 運用建立關係的策略，判斷應聘者與團隊成員之間的互動模式。

3. 行為面試技巧（Behavioral Interviewing）

· 透過詢問過去經驗來預測未來行為。

NLP理論：Perceptual Positions（感知位置）

例子：

· 問應聘者描述過去的困難情境，然後用NLP技巧分析其回答，找出其解決問題的策略。
· 利用感知位置技巧，從第三人稱的角度考察應聘者的過去行為。
· 透過NLP的模式識別，找出應聘者在不同情境下的反應和行為。
· 請求應聘者用第一人稱和第三人稱描述同一經驗，觀察其對於事件的認知和描述是否一致。
· 運用NLP技巧評估應聘者如何在過去的工作中與他人合作。

結合這些策略和NLP技巧，您可以更有效地識別和選擇最適合您公司的有才

能的員工。

NLP留著才能員工技巧

在商業上，留著有才能的員工是一大挑戰，但也是公司成功的關鍵。以下是一些建議和相關的NLP策略，可以幫助您有效地留住有才能的員工：

1. Maslow的需求層次理論（Maslow's Hierarchy of Needs）

· 人們有五層需求，從生理、安全、社交、自尊到自我實現。理解這些需求可以幫助滿足員工的期望。

NLP理論：Rapport Building（建立關係）

例子：

· 使用NLP的鏡射和回應技巧，了解員工的需求和願望。

· 透過定期的1對1會談，與員工建立深度的聯繫。

· 用NLP技巧提高聽力和同理心，更好地了解員工的感受。

· 利用NLP的解碼和模式識別技巧，了解員工的內在動機。

· 運用NLP策略，確保溝通是雙向的，並確保員工感到被理解和價值。

2. Herzberg的雙因子理論（Herzberg's Two-Factor Theory）

· 這一理論認為，有一些因素會導致員工滿意（如成就、認可），而其他因素則可能導致員工不滿（如公司政策、工資）。

NLP理論：Meta Model（後設模式）

例子：

· 使用NLP的後設模式提問，深入了解員工的具體不滿和需求。

· 利用後設模式澄清含糊或模糊的信息，確保溝通清晰。

· 分析員工的反饋，找出其背後的模式和潛在需求。

· 透過後設模式的問題，挖掘員工的真實動機和期望。

· 使用NLP的語言模式，提供正面的反饋和確認。

3.持續的專業發展

· 提供培訓和發展機會，以保持員工的職業動機。

NLP理論：Anchoring（定位技巧）

例子：

· 透過NLP的定位技巧，幫助員工鞏固他們的成功經驗和正面情緒。

· 使用NLP策略，在培訓中建立積極的學習環境。

· 運用定位，強化員工的成功經驗，並使其更具自信。

· 在員工面對挑戰時，運用定位策略提醒他們過去的成功。

· 使用NLP的定位技巧，激發員工的熱情和興趣，使其保持專業發展的動力。

綜上所述，結合這些商業理論和NLP策略，您可以更有效地留住有才能的員工，並確保他們在公司中長期忠誠和投入。

NLP找出公司的問題技巧

在商業中，找出公司的問題並進行解決與改善是一項持續的挑戰。以下是相關的建議和如何運用NLP技巧來改善的說明：

1.SWOT分析

· 一種用於評估組織的內部優勢和劣勢以及外部機會和威脅的策略工具。

NLP理論：Meta Model（後設模式）

例子：

· 使用後設模式提問，深入了解公司內部的狀況。

· 利用後設模式澄清語言中的模糊性，確保所有部門的溝通清晰。

· 透過具體、詳細的提問，挖掘潛在的威脅和機會。

· 確保團隊在討論SWOT時使用明確、具體的語言。

· 使用後設模式問題來挑戰和擴展團隊的思維方式。

2. PDCA循環(Plan-Do-Check-Act)

‧一種持續改善的方法,涉及計劃、執行、檢查和行動。

NLP理論:Logical Levels(邏輯層次)

例子:

‧使用NLP的邏輯層次確定目標、行為、能力、信念和身份,以進行更好的計劃。

‧確定在PDCA循環的哪一個階段可能需要更多的支援或資源。

‧通過邏輯層次來分析問題,以確定最佳的行動計劃。

‧使用邏輯層次檢查團隊成員的信念和態度,這些可能影響PDCA的成功。

‧確定需要的能力和資源,並計劃如何獲得它們。

3. 魚骨圖(Ishikawa Diagram)

‧用於確定和呈現導致特定結果的主要原因。

NLP理論:Reframing(再框架)

例子:

‧使用再框架技巧將問題轉化為機會。

‧當團隊成員提出問題時,利用再框架問:「這告訴我們什麼?」

‧用NLP的再框架技巧檢視問題的不同面向。

‧將負面的情況或挑戰重新解讀為學習的機會。

‧通過再框架技巧,鼓勵團隊尋找問題的潛在正面方面。

利用這些商業理論和NLP策略,公司可以更有效地識別、解決和改善問題,並達到更好的績效。

第六章
NLP百戰百勝商業學

NLP市場學

市場學，主要研究如何將產品或服務有效地推向目標市場。以下是市場學中的幾個核心理論，以及如何利用NLP在市場學中取得出色的表現：

1. 市場區隔、定位和定位策略（Segmentation, Targeting, Positioning：STP）

· 應注意：清晰界定目標市場、選擇適當的市場區隔、定位產品或服務。

· NLP運用：使用NLP的「鏡像」技巧去理解和模仿消費者的語言和行為模式，從而更好地與他們互動。

· 例子：假如一家公司銷售高端時尚服裝，透過NLP，他們可以深入了解消費者如何描述他們理想的服裝，然後在廣告中使用這些描述，更好地引起消費者共鳴。

· 元語言模式：透過分析消費者的語言，了解他們最關心的價值觀或需求，如"我需要一個方便的交通工具"。

· 鏡像和回音技巧：重複消費者的語言，建立信任感和親近感。

· 視覺-聽覺-觸覺表示系統：了解消費者偏好哪種感官體驗，然後針對性地進行市場宣傳。

· 錨定技巧：利用某個特定語言或聲音來激發消費者的正面情感。

· 未來時間線：詢問消費者他們可以想像在未來使用產品或服務的場景。

2. 市場組合（Marketing Mix：4P's - Product, Price, Place, Promotion）

· 應注意：確保產品、價格、地點和促銷策略相互協同，以最大化市場反應。

- NLP運用：使用NLP技巧來發掘消費者的隱性需求，並將其轉化爲產品特點或廣告策略。
- 例子：若消費者用"舒適"來描述他們理想的家具，公司可以在產品設計和廣告中強調其家具的舒適性。

3.消費者體驗

- 階梯化問題技巧：透過問題層層深入，了解消費者對產品的眞正需求。
- 情境重塑：幫助消費者想像在不同情境下使用產品的好處。
- 對比法：展示在使用和不使用產品之間的差異，從而突顯產品價值。
- 建立關係：透過語言技巧，使消費者感覺產品或服務是專爲他們量身定做。
- 使用積極語言：例如「這產品將帶給你自由和舒適」。

4.消費者行爲理論

- 應注意：了解消費者購買的動機、過程和決策因素。
- NLP運用：利用NLP去識別和模仿消費者的語言模式，進而預測他們的購買行爲。
- 例子：透過消費者評論分析，了解他們購買某產品或服務時最常用的詞語，這有助於改進產品或調整銷售策略。
- 負擔問題：問消費者他們在購買產品時面臨的挑戰是什麼，然後提供解決方案。
- 情感釋放：讓消費者表達對產品的感情，並使用NLP技巧回應他們的情感。
- 價值探索：了解消費者購買產品背後的深層價值。
- 模式打破：如果消費者有對產品的誤解，使用NLP技巧來改變他們的觀點。
- 隱喩運用：使用隱喩語言描述產品或服務，使其更有吸引力。

5.品牌策略

- 應注意：建立和維護品牌形象、保持品牌一致性。
- NLP運用：使用NLP技巧去識別消費者對品牌的感知和情感，並根據這些感知來調整品牌訊息。

- 例子：如果消費者常說某品牌"環保"，則公司可以在其品牌策略中更多地強調環保元素。
- 故事講述：使用NLP技巧創建引人入勝的品牌故事。
- 正面詞彙運用：使用正面和有力的語言，來強化品牌形象。
- 利用心理誘因：使用語言技巧來激發消費者的需求和欲望。
- 情境模擬：讓消費者想像他們在使用品牌產品時的情境。
- 品牌定位：利用NLP技巧確定和強化品牌的市場定位。

結論：NLP提供了一套強大的工具和技巧，可以幫助市場學專家更深入地了解和與消費者互動。透過適當地運用NLP，公司可以更有效地溝通其價值主張，從而達到更好的市場效果。

NLP行銷學

行銷學在商業中是非常關鍵的一部分，它涉及的理論範疇非常廣泛。以下列舉其中幾個主要理論，並結合NLP來提供相關的例子：

1.市場區隔、目標市場和定位策略
（Segmentation, Targeting, Positioning：STP）
- NLP理論：元語言模式（Meta Model）
- NLP例子：
1. 透過消費者的評論分析其真實的需求：「我需要一個更持久的電池手機。」
2. 消費者說：「我不太確定該選哪個。」使用NLP回應：「如果你有一個理想的選擇，那會是什麼？」
3. 了解消費者的疑慮：「我不知道這個產品是否為我工作。」使用NLP提問：「你希望這產品怎麼為你工作？」
4. 在市場調查時間：「你希望這產品有什麼功能？」
5. 客戶說：「我不喜歡這產品的顏色。」使用NLP問：「你會偏好哪種顏色？」

2.市場組合(Marketing Mix：4P's - Product, Price, Place, Promotion)

· NLP理論：視覺-聽覺-觸覺表示系統(VAK System)

· NLP例子：

1. 當推銷一款新香水時，描述其外觀(視覺)，香味(嗅覺/聽覺)，以及當它接觸皮膚的感覺(觸覺)。

2. 設計廣告時，用音樂、圖片和口感描述吸引不同的消費者群體。

3. 進行市場調查時，問：「你第一眼看到這個產品時的感覺是?」

4. 推銷食品時，著重描述其口感、香氣和外觀。

5. 針對視覺導向的客戶，強調產品的設計和顏色。

3.消費者行爲理論

· NLP理論：轉換語法(Reframing)

· NLP例子：

1. 客戶說：「這太貴了。」回應：「考慮到它的多功能性和持久性，這是一個很好的投資。」

2. 客戶說：「我不需要這功能。」回應：「這功能可以爲你帶來哪些可能的好處?」

3. 在消費者有疑慮時，例如：「我不確定這產品的效果。」回應：「許多人剛開始時有相同的疑慮，直到他們親自試用過。」

4. 客戶說：「這款產品太繁雜。」回應：「這產品的多功能性旨在滿足各種需要，但當然，你可以根據自己的需求選擇使用。」

5. 推銷健康產品時，將「減肥」重新框定爲「健康的生活方式」。

4.品牌策略

· NLP理論：接地(Anchoring)

· NLP例子：

1. 創建廣告時，每當提及品牌名稱時都使用一個特定的背景音樂或視覺圖案，從而在消費者心中建立一個牢固的、與該品牌相關的情感鏈接。

2. 在品牌活動或推廣中，透過一致的顏色、圖案和語言建立品牌的形象和認知。
3. 當談及品牌的優勢時，使用正面和強烈的語言，如「領先的」或「最好的」。
4. 利用社交媒體分享消費者的正面評價和故事，以鞏固品牌形象。
5. 在面對競爭或市場變動時，強調品牌的核心價值和承諾。

· NLP理論：故事講述(Storytelling)
· NLP例子：創建一個有關品牌的吸引人的故事，使消費者產生情感連接。例如，描述一個關於創始人如何努力創建這個品牌的故事，以激發消費者的信賴和忠誠度。

5. 客滿意度和忠誠度

NLP理論：鏡像和回音技巧(Mirroring and Pacing)
· NLP例子：
· 當和顧客交流時，模仿他們的語氣和語言模式，這樣可以建立信賴和親近感，從而增加其對品牌的忠誠度。
1. 當與客戶溝通時，模仿其語速和語調，建立信任和連接。
2. 透過問卷調查或面對面交談，深入了解客戶的需求和反饋，並將其反映在產品或服務改進中。
3. 客戶提供負面反饋時，首先表達同情和理解，然後提供解決方案。
4. 定期向客戶發送謝卡或折扣優惠，表達對其忠誠度的感激。
5. 當客戶提到喜歡競爭對手的某個特點時，不要反駁，而是聆聽並考慮如何改進自己的產品或服務。

NLP管理學

偏重於組織、領導、計劃、人力資源和策略,而市場學則側重於產品、價格、地點和促銷等元素。以下是與管理學相關的一些核心理論,並說明如何使用NLP技巧來增強其效果:

1.SWOT分析(Strengths, Weaknesses, Opportunities, Threats)
- NLP理論:重新框架(Reframing)
- NLP例子:
  1.將組織的弱點視為未來的改進機會。
  2.使用正面語言描述機會和威脅。
  3.對外部威脅進行正確的語境定位,從而降低其嚴重性。
  4.重視內部團隊的優點,並利用NLP技巧提高其自信心。
  5.將外部機會轉化為具體行動項目。

2.領導風格
- NLP理論:鏡射(Mirroring)和模仿(Matching)
- NLP例子:
  1.管理者通過模仿下屬的身體語言建立連接。
  2.透過與團隊成員使用相似的語言和語調來提高溝通效率。
  3.在交談中使用開放式問題,以了解員工的想法和感受。
  4.聆聽員工的反饋,並反映他們的意見。
  5.利用正面肯定和鼓勵來提高員工的士氣。

3.變革管理
- NLP理論:動機系統(Motivational Systems)
- NLP例子:
  1.強調變革的正面影響,激發員工的動機。

2.使用具有吸引力的語言描述組織的未來願景。

3.與員工討論他們的顧慮，並尋求解決方案。

4.使用故事和例子來描述成功的變革案例。

5.透過定期的反饋和評估，讓員工看到他們的努力是如何推動變革的。

上述只是一些簡單的理論和NLP的結合。在實際應用中，可以根據具體情況進一步深化和拓展。

如何實踐NLP管理學：

在實際應用中，NLP可以作爲一種工具，幫助管理者和員工在商業環境中有效地溝通、領導、解決問題和激勵團隊。以下是如何在實際業務場景中應用NLP的幾個方法：

1.團隊建設和領導

· NLP理論：建立認同（Rapport Building）

· 實際應用：

1.領導者在會議上模仿團隊成員的語言和語調，以建立更強的連接。

2.在困難的對話中，使用鏡射技巧來顯示理解和同情。

3.透過尋找共同的興趣或價值觀來建立認同，從而強化團隊之間的連接。

2.決策制定

· NLP理論：重新框架（Reframing）

· 實際應用：

1.當面對困難的決策時，嘗試從不同的角度或視角看待問題。

2.將挑戰視爲機會，重新定義困難，從而找到新的解決方案。

3.在團隊會議中，鼓勵成員從不同的視角提供意見，以促進多元化的思考。

3.員工訓練和發展

· NLP理論：可視化技巧（Visualization Techniques）

· 實際應用：
1. 在培訓活動中，使用可視化技巧來幫助員工設定目標。
2. 透過敘述或情境模擬來幫助員工預見成功的情境。
3. 在面談或反饋環節中，引導員工進行自我反思，並想像他們希望達到的未來狀態。

4.銷售和客戶服務

· NLP理論：聆聽技巧和後設模式（Meta Model）
· 實際應用：
1. 在銷售對話中，仔細聆聽客戶的需求和願望，避免提前下結論。
2. 使用開放式問題深入了解客戶的真正需求。
3. 通過提供具體和相關的資訊，幫助客戶作出決策。

透過這些具體的應用方法，NLP可以在業務場景中提供實際的價值，幫助組織提高效率、增強團隊合作和滿足客戶需求。

NLP經濟學

在商業上，經濟學提供了眾多關鍵理論，幫助企業家和決策者理解市場動態和消費者行為。以下列出一些主要的經濟學理論和如何使用NLP在商業中達到優秀的表現：

1.需求和供應理論

· 我們應注意：需求和供應之間的平衡是決定價格的主要因素。
· NLP理論：建立認同（Rapport Building）
· NLP實際應用：
1. 透過問題解答的方式了解消費者的真實需求。
2. 使用鏡射技巧來同步與供應鏈夥伴的交流。

3. 在與供應商的溝通中，適時展現同情與了解。

4. 了解和確認消費者的購買動機。

5. 透過正面語言來提高產品的吸引力。

2. 成本效益分析

· 我們應注意：企業需要評估任何投資的成本和收益。

· NLP理論：可視化技巧（Visualization Techniques）

· NLP實際應用：

1. 在商業會議上使用可視化技巧展示投資回報。

2. 訓練團隊使用可視化來預測不同決策的結果。

3. 透過情境模擬使員工體驗不同決策的後果。

4. 使用故事講述技巧來分享成功的成本效益分析案例。

5. 透過有效的語言模式激發員工的興趣和參與意願。

3. 邊際效應

· 我們應注意：了解每增加一單位生產的額外成本和收益。

· NLP理論：設定目標（Goal Setting）

· NLP實際應用：

1. 使用NLP技巧確定和明確化企業的短期和長期目標。

2. 與團隊分享邊際效應的概念，使用清晰的語言。

3. 運用情境模擬探索不同的生產量如何影響邊際效應。

4. 使用NLP問題解答技巧幫助團隊理解和應對邊際效應。

5. 透過有效的反饋機制，鼓勵員工分享他們對邊際效應的看法和經驗。

使用這些NLP技巧，企業可以更有效地應用經濟學理論，在商業場景中做出更明智的決策。

您似乎沒有完成您的問題。但我會嘗試回答您的問題「如何在實際應用中」。我會基於之前的回答來推測您可能是想問如何在實際的商業環境中應用NLP和經濟學。

如何實踐NLP經濟學

在實際應用中使用NLP和經濟學：

1.市場研究和消費者反饋
- NLP技巧：主動聆聽和回饋
- 實際應用：
  1. 舉行消費者座談會時，使用主動聆聽技巧來收集更深入的資料。
  2. 使用NLP的鏡射技巧來建立和消費者之間的連結。
  3. 在解讀消費者調查的結果時，使用NLP的篩選技巧過濾重要資訊。

2.價格策略
- NLP技巧：設定目標和可視化
- 實際應用：
  1. 在討論價格策略時，使用可視化技巧清晰地展示需求和供應之間的變動。
  2. 使用NLP的設定目標技巧來確定價格策略的主要目標。
  3. 與團隊討論價格策略時，使用NLP的問答技巧來促使團隊成員提供寶貴的見解。

3.產品推廣和廣告
- NLP技巧：語言模式和故事講述
- 實際應用：
  1. 在廣告文案中使用吸引人的語言模式來吸引消費者的注意。
  2. 使用NLP的故事講述技巧來建立品牌故事和產品敘述。

3. 在與廣告公司的溝通中，使用NLP的建立認同技巧來確保他們充分了解品牌的核心價值。

這只是在商業環境中應用NLP和經濟學的一些基本方式。不同的企業和行業可能會有其特定的需求和挑戰，但這些基本技巧可以為大多數情境提供有價值的指導。

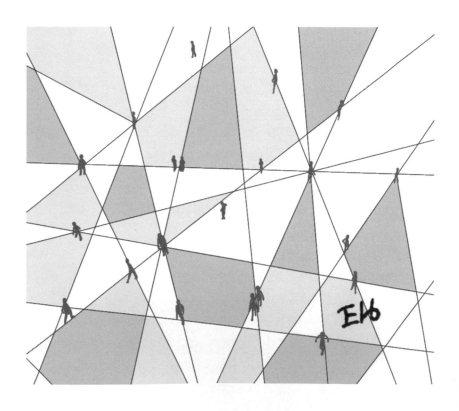

第七章
NLP商業十大黃金法則及經典理論

NLP商業十大黃金法則

1.客戶爲王 - 一切以客戶的需求和滿意爲中心。

2.誠信經營 - 在商業行爲中保持誠信和透明。

3.永續經營 - 長遠規劃而非短視近利。

4.持續創新 - 不斷尋找改進和新機會。

5.團隊合作 - 有效地合作，充分發揮團隊力量。

6.學習與成長 - 鼓勵個人和組織的學習。

7.有效的溝通 - 確保內部和外部的有效溝通。

8.注重細節 - 注意到每一個細微的部分，確保高品質。

9.客戶回饋 - 重視客戶的回饋，並根據之做出調整。

10.風險管理 - 識別、評估和管理風險。

NLP的應用及舉例：

1.客戶爲王：利用NLP技巧更好地聆聽和理解客戶的需求。

　·舉例：透過NLP技巧解讀客戶的語言模式，更深入了解其眞實需求。

2.誠信經營：確立積極的信仰系統和價值觀。

　·舉例：透過NLP工作坊幫助員工明確他們的核心價值觀。

3.永續經營：透過NLP目標設定技巧確立長期目標。

　·舉例：進行NLP培訓，教導管理層設定5年或10年的願景。

4.持續創新：運用NLP的創意思考技巧。

　·舉例：進行思考帽或其他NLP創意策略工作坊，激發員工的創意思考。

5.團隊合作：NLP團隊建設活動增進團隊合作。

‧舉例：透過NLP團隊活動，加強團隊之間的信任和合作。

6.學習與成長：使用NLP技巧加速學習和改進。

‧舉例：進行NLP學習模式工作坊，幫助員工了解自己的學習風格。

7.有效的溝通：透過NLP的溝通模型提高溝通效率。

‧舉例：NLP溝通技巧培訓，提高員工的聆聽和表達能力。

8.注重細節：透過NLP提升專注力。

‧舉例：進行NLP冥想和專注練習，幫助員工提高工作中的專注度。

9.客戶回饋：運用NLP技巧分析和整合客戶回饋。

‧舉例：透過NLP分析工具，解讀客戶的評論，了解他們的真實感受。

10.風險管理：使用NLP的決策策略評估風險。

‧舉例：NLP風險評估工作坊，幫助員工更好地識別和管理風險。

總之，NLP提供了一系列的技巧和策略，可以幫助商業在多個層面達到更好的效果。

NLP商業智慧十大經典理論

1.木桶理論(Cannikin Law)

木桶理論是一個形象地描述瓶頸效應和整體效益的比喻。這一理論基於以下的觀點：一個木桶的容量不是由最長的那一塊木板決定的，而是由最短的那一塊決定的。換句話說，不論其他板塊有多長，水只能裝到最短的那一塊木板的高度。

NLP與木桶理論本身在起源和核心目的上都有所不同，但我們可以結合這兩者的原理來思考如何更有效地在組織或個人生活中運用它們。

1.識別最弱環節：

‧NLP應用：通過 Meta Mode有效的提問和反思，我們可以使用NLP技巧來識

別個人或組織中的「最短木板」或瓶頸。例如：「在你看來，我們過程中的哪一部分最需要改進？」或「當你想到我們的團隊合作時，你覺得哪個環節最弱？」

2.改變框架：

· NLP應用：一旦識別出最弱的環節，我們可以使用NLP的再語言技巧來改變我們對該問題的看法。例如：將「我們的生產速度太慢「轉變爲」我們有機會提高我們的生產效率。」

3.資源的重新配置：

· NLP應用：使用後設模式或其他深層挖掘問題的技巧Meta Mode，來確定是否有資源被分配到不是瓶頸的地方。問：「我們現在的資源分配是否支持我們最需要關注的部分？」

4.增強溝通和協作：

· NLP應用：通過建立說服和影響力，我們可以使用NLP技巧來鼓勵團隊成員集中資源解決瓶頸問題。例如，使用鏡像和匹配技巧來建立關聯，然後提議相應的解決方案。

5.持續的自我反思和改進：

· NLP應用：鼓勵團隊或個人使用NLP的目標設定和實現模型，如SWISH模型或GROW模型，來定期檢查和確保他們正朝著消除瓶頸和持續改進的方向前進。

　　總的來說，NLP提供了一套工具和技巧，幫助我們更好地識別、理解和解決木桶理論中的瓶頸問題。

2.「鯰魚效應」(catfish effect)

　　「鯰魚效應」是一個生物學和行爲學上的比喻，描述了一種競爭和刺激對提高效率和生產力的影響。這個名稱的由來與鯰魚的行爲有關。

　　故事的背景是這樣的：歐洲的魚類養殖場在運送魚到市場之前，常常發現放在大桶裡的魚會變得懶散，肉質變差。但當養殖者將一些鯰魚放入桶中時，其他魚因爲鯰魚的攻擊性而持續活躍，其肉質因此得以保持。

這個比喻被運用到商業和人類行為中，表示在某些情境下，引入某種刺激或競爭可以激勵團隊或個人更加努力和高效。

NLP與「鯰魚效應」都強調了正向刺激和改變在推動個人和組織成長中的重要性。以下是如何結合NLP與「鯰魚效應」的方法：

1.確定「鯰魚」：
- NLP應用：使用有效的問題來引導個人或組織確定哪些元素可以作為他們的「鯰魚」，即那些可以刺激他們出於舒適區的因素。例如：「你覺得哪些因素能激勵你做得更好？」或「在過去，什麼情境或人使你感到挑戰，但最終你因此成長了？」。

2.建立積極的心態框架：
- NLP應用：競爭：公司經常透過設定挑戰性的目標或引入健康的競爭來刺激員工的生產力。
- 利用再語言技巧，幫助人們將挑戰看作機會而不是威脅。例如，將「我不知道如何面對這個新競爭者」轉變為「這是一個絕佳的機會學習和創新」。

3.模仿成功：
- NLP應用：續學習：為了持續提升，個人可能會尋找新的學習資源或參與培訓，以確保自己不會落後。NLP中有一個核心原則叫做建模，這意味著模仿或學習成功人士的策略。在鯰魚效應的背景下，這可以用來學習那些已經成功應對挑戰的人或組織的策略。

4.內部對話的重要性：
- NLP應用：創新：當公司處於舒適區時，新的創業公司或技術可能會作為「鯰魚」，迫使現有公司重新評估其業務策略並進行創新。
- 認識和轉變自己的內部對話可以幫助個人看到挑戰的正面面貌。例如，當面對新的競爭時，將內心的語言從「我做不到」轉變為「我有機會學習和適應」。

5.目標設定：
- NLP應用：使用NLP的目標設定框架，如SMART目標或GROW模型，確定如何有效地回應和利用鯰魚效應。

總的來說，結合NLP的方法和工具，我們可以更好地利用「鯰魚效應」的原則，將挑戰轉變為成長的機會。

3.重覆博弈(Repeated Games)

重覆博弈(Repeated Games)是博弈理論的一個重要部分，尤其是當兩個或多個玩家多次地進行相同或類似的博弈時。這與單次博弈(如囚徒的困境)不同，單次博弈中玩家只互動一次。

在重覆博弈中，玩家的策略可能會受到過去互動的影響。例如，一個玩家可能會根據對方在前一次遊戲中的行為來調整自己的策略。

NLP主要關心的是人類思考、溝通和行為的模式。而重覆博弈(Repeated Games)則是研究在多次互動中玩家如何基於策略和回報來做決策。當我們將NLP運用到重覆博弈中，可以幫助玩家更好地理解和影響他們的策略，特別是在與他人互動時。

以下是NLP如何運用在重覆博弈中的幾種方法：
1. **認知重新組織：**玩家可以使用NLP技巧重新組織他們的認知，這樣他們可以看到遊戲的更多可能性，而不僅僅是短期的利益。例如，將注意力從短期的獲勝轉移到建立信任和長期的合作。
2. **建立更好的溝通：**NLP提供了工具和技巧來改善溝通。在重覆博弈中，玩家可以使用這些技巧更有效地與其他玩家溝通，建立信任和理解。
3. **模仿成功策略：**NLP的一個核心概念是建模，也就是模仿成功人士的行為。玩家可以觀察其他玩家的成功策略，然後模仿或適應這些策略。
4. **設定目標：**NLP強調了設定明確目標的重要性。在重覆博弈中，玩家可以使用NLP的目標設定框架確定他們的長期和短期目標，以及如何達到這些目標。
5. **內部對話：**玩家可以使用NLP技巧來調整他們的內部對話，這可能會影響他們的策略選擇。例如，將內部對話從「他上次背叛了我，所以我這次也要背叛他『改為』長期合作對我們雙方都有益。」

6.身體語言和非語言溝通：玩家可以使用NLP來解讀和使用身體語言，這可以在重覆博弈中提供額外的信息，幫助玩家做出更好的策略決策。

總的來說，NLP提供了一套工具和策略，可以幫助玩家在重覆博弈中更好地理解和影響他們自己和其他玩家的行為。這可能導致更成功、更有合作性的策略和結果。

4.飛輪效應(Flywheel Effect)

一詞由管理學者柯林斯(Jim Collins)在他的書籍《從優秀到偉大》(Good to Great)中提出，描述了當某事開始產生正向動力時，它會像一個飛輪一樣逐漸加速，從而將初步的努力放大成巨大的長期成功。

該概念旨在向經營者傳達一個重要訊息：要成為卓越的公司，並非依賴於單一的決策、計畫或產品，而是透過持續的嘗試、積累和改進，才能在某個關鍵時刻實現劃時代的成就。

柯林斯提醒我們，除了堅持不懈，對於同一目標的不斷追求也是關鍵所在。

將這種飛輪效應觀念應用到NLP的領域，我們可以看到類似的模式和原則。在NLP中，持續的嘗試、學習和優化是取得卓越成果的關鍵。舉個例子，米高佐敦(Michael Jordan)有句金句：

"I've missed more than 9000 shots in my career. I've lost almost 300 games. 26 times, I've been trusted to take the game winning shot and missed. I've failed over and over and over again in my life. And that is why I succeed."

其實你只是嘗試了一次，而不是失敗一千次。在職場上，很少有人一直順風順水的。

成功並不只有一條路可走。在追求成功之前，我們可能會面臨無數次的挫折。即使是籃球之神也不會一直保持無敗紀錄。不論是在工作、生活還是社會中，我們都會遇到困難和逆境。在這些時刻，我們需要保持冷靜，堅持應對挑戰。

這正是飛輪效應的概念所體現的。飛輪效應告訴我們，在追求卓越成果的過程中，我們需要持續嘗試，不斷累積經驗，並不斷改進自己。這就像是在一次次的跌倒之後重新站起來，繼續努力。即使我們遇到困難和挫折，我們也應該以冷靜的態度迎接挑戰，並繼續努力前行。

因此，成功並不是只有少數幸運兒才能擁有的，我們每個人都有機會實現。我們都能夠擁有成功的可能性。

飛輪效應強調持續的嘗試、積累和改進以實現卓越成果，這個觀念與NLP領域的發展密切相關，並體現在持續的研究、優化和專注於特定目標的實踐中。

以下是如何結合NLP在飛輪效應中取得出色的表現：
1.確定目標與願景：通過NLP的目標設定過程，確定清晰和具體的目標。這可以為團隊或組織提供明確的方向，從而啟動飛輪的初始動力。
   · 例子：一家公司的目標是成為領先的生態友好型產品供應商。通過NLP的正面表述技巧，這個目標被描述為「我們正在快速地成為最受尊敬的生態友好型產品領導者」。
2.建立自信心：使用NLP的自我建模技巧，幫助團隊建立自信心和確信。當他們看到小的成功和進展，這將加速飛輪的運轉。
   · 例子：每當達成一個小目標或里程碑，透過正面強化，讓團隊成員內化這些成功，建立他們的信心。
3.有效溝通：使用NLP的鏡像和配對技巧來改善團隊之間的溝通。優質的溝通可以消除障礙，促進資訊的快速流動，加速飛輪效應。

‧例子：當管理層和前線員工之間存在溝通障礙時，運用NLP技巧模仿員工的語言模式，確保信息被準確地理解和傳遞。

4.持續學習與成長： 使用NLP的元認知技巧，鼓勵員工反思和學習。當員工持續學習並應對變化時，飛輪效應得到維護和加速。

‧例子：定期進行培訓和工作坊，其中包括NLP技巧，幫助員工更好地理解自己的學習方式，從而提高他們的效率。

5.創建正面的文化與價值觀： 通過NLP的價值觀鑲嵌技巧，強化正面的組織文化。當所有員工都朝著共同的價值和目標努力時，飛輪效應會得到增強。

‧例子：在公司的核心價值觀中鑲嵌句子，如「我們每天都在學習和成長」，以強化這一文化。

結合NLP技巧，飛輪效應可以更加快速和持久地在組織中推動，從而達到長期的成功和增長。

5.馬太效應（Matthew effect）

馬太效應（Matthew Effect），也被稱爲「富者恆富，貧者恆貧」的效應，是指在某些情境中，那些原本就擁有優勢的人或事物，會因爲這些優勢而獲得更多的資源或機會，而那些沒有優勢的則可能失去原有的資源或機會。

這一概念的名稱來自《新約聖經》中的《馬太福音》中的一段話：「因爲凡有的，還要加給他，叫他有餘；但凡沒有的，連他所有的，也要奪去。」

NLP和馬太效應看似在表面上沒有直接的關聯。然而，NLP，作爲一套理解和塑造人類思維、感覺和行爲的工具，實際上可以在處理與馬太效應相關的問題時提供幫助。

以下是NLP如何被應用於馬太效應的一些建議：

1.提升自信和價值感： 一個常見的馬太效應後果是，那些感覺自己處於劣勢的人可能因此失去自信。NLP技巧，如鏡像練習、肯定語句和過去成功的回憶，

可以幫助這些人重建自信和價值感。

2. **重塑信仰和態度**：馬太效應可能導致某些人確信自己注定失敗。NLP提供的認知重塑技巧可以幫助這些人改變這些消極的信仰，鼓勵他們相信改變是可能的。

3. **設定清晰目標**：NLP強調目標設定的重要性。那些感覺自己處於劣勢的人可以使用NLP的目標設定框架明確他們想要達到的目標，並建立達到這些目標的策略。

4. **建立良好的人際關係**：NLP的溝通和建立關係技巧可以幫助那些可能因為馬太效應而被邊緣化的人與他人建立更好的關係，這可能為他們提供更多的機會和資源。

5. **強化正面行為**：NLP的增強技巧可以幫助那些嘗試打破馬太效應困境的人重複和強化那些對他們有利的行為。

6. **提供反饋和批評的技巧**：NLP教導如何提供建設性的反饋。這對於希望打破馬太效應模式的個人或組織特別有用，他們可以學習如何更有效地傳達意見和建議，同時保持正面的關係。

　　總之，雖然NLP不能直接解決馬太效應引起的結構性問題，但它提供了工具和策略，可以幫助人們在其影響下更好地導航，並尋求創建更加公正和平等的機會。

6.多米諾骨牌效應(Domino Effect)

　　多米諾骨牌效應是一種因果鏈現象，其中一個事件會引發一系列後續的事件。這是源自於多米諾骨牌遊戲，當你推倒一個骨牌，它會引起鄰近的骨牌相繼倒下。在現實生活中，這種效應被用來描述一個初始小變動如何可能導致一系列更大的改變或事件。

NLP如何運用多米諾骨牌效應

1. **設定小目標**：透過設定並達成小目標，你可以建立自信，這可能會像多米諾骨牌那樣，激勵你完成更大、更困難的目標。

例子：一個想要提高銷售技能的銷售員可以先設定每天與5位潛在客戶接觸，隨著時間的推移，這種小小的行動可能會增加其銷售業績。

2. **行為鏈接**：NLP經常使用行為或感覺的鏈接來促進特定的結果。一個動作或思考方式可以觸發另一個動作或思考方式。

例子：每次當你完成一項任務時，給自己一個小獎勵，這會使你更有動力完成更多的任務。

3. **克服恐懼和掛礙**：通過使用NLP的技巧，如模擬或再體驗，一個人可以克服一個小恐懼，這可能會像多米諾骨牌那樣，幫助他們克服更大的恐懼或掛礙。

例子：一個怕公開演講的人可以首先在鏡子前練習，然後在家人面前演講，然後在小組中，直到他能夠在大型活動中進行演講。

4. **建立積極習慣**：一旦開始建立一個有益的習慣，這可能會引導其他相關的積極習慣。

例子：決定每天運動10分鐘可能最終會導致更健康的飲食和更長時間的運動。

5. **內部對話改變**：改變自己的內部對話或信仰可以觸發一系列的內在變革。

例子：當一個人開始相信他是值得的，這可能會引導他尋求更好的工作、建立更健康的關係等等。

這些只是一些例子，顯示了NLP如何運用多米諾骨牌效應來達成目標、克服恐懼或創建更積極的習慣。每一個小的行動或改變都可以觸發更大的正面影響。

7. 皮格馬利翁效應（The Pygmalion Effect）

NLP如何運用皮格馬利翁效應

1. **正面肯定語句**：使用NLP，人們被教導如何使用積極、肯定的語言來建立和增強自己和他人的自信。這種肯定的語言自然地建立了正面的期望，從而激發更好的表現。

例子：領導者可以告訴員工：「我相信你具有完成這項任務的能力。」

2. **可視化和模擬**：NLP鼓勵使用可視化技巧來看到成功的結果。當一個人可以在他們的「內部屏幕」上看到自己成功，他們更有可能達到那些期望。

例子：運動員在比賽前可視化他們成功的表現，這有助於他們在現實中實現這一結果。

3. **重塑信仰和態度：**通過認識和改變限制性信仰，人們可以開始建立更正面的期望，不僅是對他人，也是對他們自己。

例子：一名老師認識到他對某些學生持有的低期望可能是基於無意識的偏見，並選擇改變這種態度，這可能會導致他對所有學生持有更高的期望。

4. **增強正面行為：**使用NLP的技巧，如肯定回饋和正面增強，可以激勵人們持續並增加那些符合正面期望的行為。

例子：當一名員工表現出色時，及時給予他們正面反饋，這可能會使他們繼續努力和提高表現。

5. **建立共鳴：**NLP強調與他人建立深入的連接和理解。通過與他人建立共鳴，你可以更有效地傳達正面的期望，並鼓勵他們達到這些期望。

總之，NLP提供了一套工具和策略，可以幫助個人和組織更有效地運用皮格馬利翁效應，激發自己和他人的最大潛力。

8.光環效應(Halo Effect)

NLP如何運用光環效應

1. **建立第一印象：**了解光環效應的存在意味著我們可以更有意識地努力給人留下好的第一印象，從而讓他們對我們持有正面的整體看法。

例子：在商業場合中，穿著得體、準時到達、並保持友善的態度，都可能對他人對你的整體評價產生正面影響。

2. **改變內部對話：**NLP可以幫助人們識別和修改他們的內部對話，這意味著我們可以學會更客觀地看待他人，而不是讓光環效應影響我們的判斷。

例子：當你注意到自己因為某人的某一特質而過分讚揚他們時，問問自己：「我是基於哪些具體事實得出這一結論的？」

3. **建立報告：**NLP的技巧，如鏡像和配對，可以幫助人們與他人建立連接。這些技巧可以增強光環效應的正面影響。

例子：通過模仿對方的語言模式或身體語言，你可以與對方建立更深入的

連接。

4.批判性思考訓練：NLP提供了許多用於提高批判性思考的工具。這可以幫助個體識別當他們受到光環效應的影響，並做出更基於事實的判斷。

例子：在做決策或評估一個人或情境時，試著列出所有的事實和證據，而不是只依賴於第一印象或單一特點。

5.自我意識的提高：NLP強調自我意識，這有助於個體識別他們何時受到認知偏差的影響，如光環效應。

例子：定期反思和評估自己的判斷和看法，這可以幫助識別何時受到光環效應的影響。

總之，NLP可以幫助我們更有意識地運用和管理光環效應，以更有效地與他人互動和做出更客觀的判斷。

9.蝴蝶效應（The Butterfly Effect）

蝴蝶效應是混沌理論中的一個概念，指的是在一個動態系統中，即使是微小的初始變化也可能引發一連串的大變化。這個名稱源自於一個例子，即在巴西的一只蝴蝶可能透過它的翅膀拍打引發了美國的一場龍捲風。換句話說，小的因素或事件可能會有意想不到的大影響。

NLP如何運用蝴蝶效應

1.微調行為和信仰：了解微小的內部變化（如思維模式或信仰）可能對一個人的行為和結果產生巨大影響。NLP提供了工具來識別和修改這些內部程序。

例子：改變一個深層的自我價值觀念，如「我值得成功」，可能會對一個人的職業和人際關係產生深遠的影響。

2.正面肯定：透過建立積極的肯定語句，一個小的正面消息可以引發更大的自信和動力。

例子：每天對自己說「每一步都帶領我走向成功」可能會改變你對挑戰的看法，並激勵你採取行動。

3.可視化：NLP教授如何使用可視化技巧來形成和加強正面結果。即使是短暫

的正面可視化也可能啟動一個人向成功邁進的內部過程。

例子：想像自己在一個成功的商業演講中展現自信，可以幫助減少實際表現中的緊張和焦慮。

4.**鏈接和錨定**：NLP中的這些技巧允許我們將正面的情感和資源鏈接到特定的觸發器，從而在需要時啟動它們。一個小的觸發器可能引發強烈的情感反應。

例子：經常在特定的歌曲下感到放鬆和自信，當在壓力環境下聽到這首歌時，可以幫助恢復錨定。

5.**提高自我意識**：藉由定期的內省和自我評估，我們可以識別哪些小改變可能對我們的生活產生最大的正面影響。

例子：瞭解到每天多走10分鐘可以改善你的心情和產能，那麼這小小的變化可能會對你的整體生活質量產生重大影響。

蝴蝶效應提醒我們即使是看似微不足道的事情也有其價值。NLP提供了一套工具和策略，可以幫助我們最大化這些小變化的力量，以達到我們的目標和理想。

10. 巴納姆效應 (Barnum Effect)

巴納姆效應，又被稱為Forer效應，是指人們傾向於認為一個非常廣泛和模糊的性格描述是非常準確地描述了自己，即使這些描述實際上可以適用於許多人。這個效應的名稱來自於P.T.巴納姆，他是一位著名的娛樂巨頭，曾說「每分鐘都有一個傻瓜出生」。

巴納姆效應在心理測驗、星座、塔羅牌和其他「個性預測」領域中特別明顯。

NLP如何運用巴納姆效應

1.**建立關係和信任**：通過使用一些通用的、正面的陳述，NLP從業者可以迅速建立與他們的客戶之間的信任和關係。當客戶認為某人理解他們時，他們更可能對該人開放和合作。

例子：「我感覺你是一個很有深度的人，有很多內在的資源。」

2.正面肯定： NLP強調正面思考和積極的自我形象。使用巴納姆效應，NLP從
業者可以提供正面的、通用的肯定，幫助個體加強他們的自信心。
例子：「你擁有足夠的能力和智慧來克服任何挑戰。」

3.提升自我認識： 藉由讓人們認識到他們如何看待模糊的描述並將其視為個人化
的信息，可以增加個體對自己信仰和預期的意識。
例子：在一個NLP培訓環境中，指出這種現象可以幫助參與者認識到他們如
何賦予意義和解釋自己的經歷。

4.注意繳費效應的潛在缺陷： 知道巴納姆效應的存在意味著NLP從業者應該在
使用通用語句時謹慎。過度依賴此效應可能會導致失去真正的個體差異和客戶
的獨特需求。

結論：NLP可以利用巴納姆效應來增強其技巧和策略，但使用時應該保持批
判性思考，確保不會過度依賴這種效應，而忽略了真正的客戶需求和個體差異。

然而，很多時候，即使我們對產品很有信心，我們也不可過份樂觀，凡事也
可兩面觀。

摩菲定律(Murphy's Law)指如有多於一種方式去做事情，若當中有其中一種
方法會引致災難後果，則可能會有人會這樣選擇。其實即是"if it can go wrong,
it will."，這並不是指現實中所有事都一定會循錯誤方向發展，而是希望我們注
意到最惡劣的情況，以多次在心中演預演情況以作最壞的準備。

舉個例子：考慮一家電子商務公司正在進行新產品的上市計劃。他們需要進
行市場營銷活動以提高產品的知名度和吸引潛在客戶。根據摩菲定律，如果有多
種營銷策略可供選擇，其中一種可能是低效或無效的，那麼有可能有人會選擇這
種策略，從而導致營銷活動的失敗或不如預期。

公司可能有多種營銷渠道可以選擇，包括社交媒體廣告、電視廣告和影片營銷
等。其中一種選擇是投放大量資源於一個不太適合目標客戶的平台上，這可能導

致廣告無法吸引到足夠的目標客戶，從而浪費了營銷資源並未達到預期的效果。

又如：在採購行業中，供應鏈出現中斷，令貨物無法如期交付。或是IT項目開發途中，遇到不可預料的技術問題，可能導致工期拖延。

面對逆境時，企業需提前作好準備。如多線採購以備不時之需；同時開發並行測試，提高系統穩定性。此外，建立緊急響應機制，快速應對問題也對減輕影響很重要。給予自己更多選擇。

思考「最壞案例」有助釐清風險，「模擬最壞情況」制訂相應解決方案。只要過程周全，即使極端事件發生，企業也能迅速應對，減低商業影響。這亦是成功企業的執行能力之一。

NLP成功商業人士所說的金句

許多成功的商業人士所說的金句可能不是直接針對NLP所言，但他們的話語中可能包含了NLP的某些核心理念。以下是一些與NLP理念相契合的名言，以及它們的出處或作者：

1.「你的感覺不是由發生在你身上的事情決定的，而是由你對這些事情的看法決定的。」- 安東尼·羅賓斯（Tony Robbins）

　　NLP理念：Map is not the Territory（地圖不是領土）

　　解釋：NLP認為每個人都有他們的世界觀，這通常被稱為「地圖」。這不是真實的世界，而是他們對真實世界的感知。羅賓斯的這句話指的是，我們對事情的感知和評價，而不是事情本身，決定了我們的情感。

2.「不是發生了什麼，而是你對它的反應。」
- 查爾斯·史溫堡（Charles R. Swindoll）

NLP理念：Choice is better than No Choice（有選擇比沒選擇好）

解釋：NLP鼓勵人們認識到他們在生活中有選擇的能力。史溫堡的話語強調，對於任何情況，我們可以選擇如何回應，這是我們的能力和自由。

3.「想像力比知識更重要，因爲知識是有限的。」- 艾伯特·愛因斯坦

NLP理念：The Power of Visualization（可視化的力量）

解釋：NLP重視心靈的影像和我們如何使用它來達到目標。愛因斯坦的這句話突出了創造和想像的重要性，這超越了僅僅擁有知識。

4.「我們的命運通常都是我們的習慣。」- 史蒂芬·柯維（Stephen R. Covey）

NLP理念：Patterns of Behavior（行爲模式）

解釋：NLP認識到我們的行爲模式和習慣通常是無意識的，但它們決定了我們的生活質量。柯維的這句話提醒我們，我們的習慣，無論好壞，塑造了我們的命運。

5.「成功的最大敵人是自滿。如果你今天的表現仍然和昨天一樣，那你明天就會失敗。」- 拉爾夫·瓦爾多·愛默生（Ralph Waldo Emerson）

NLP理念：Continuous Improvement and Adaptation（持續改進和適應）

解釋：NLP鼓勵人們不斷學習和成長，適應變化。愛默生的話語強調了自滿的危險，並提醒我們永遠不能停止進步。

6.「你的感覺不是由發生在你身上的事情決定的，而是由你對這些事情的看法決定的。」- 安東尼·羅賓斯

NLP理念：Map is not the Territory（地圖不是領土）

解釋：這意味著我們對世界的認識只是世界的一個表示，而不是實際的世界。換句話說，我們的反應和感受基於我們如何看待事情，而不是事情本身。

7.「最好的投資是投資於自己。」- 沃倫·巴菲特

NLP理念：Resourceful State（資源狀態）

解釋：通過培養自己的資源和能力，我們可以更好地應對挑戰並創造出色的結果。

8.「不要找借口，找方法。」- 雷·克羅克

NLP理念：Outcome Thinking（結果思維）

解釋：重視結果的思考方式鼓勵人們集中於解決問題，而不是問題本身。

9.「實現優秀表現的最關鍵的要素是集中注意力。」- 比爾·蓋茨

NLP理念：Focused Attention（專注的注意力）

解釋：當我們完全專注於某一任務或目標時，我們更有可能實現所需的結果。

10.「問題不在於我們不知道所有的答案，問題在於我們不問所有的問題。」
　　- 卡洛斯·斯利姆

NLP理念：The Power of Questions（問題的力量）

解釋：問題可以引導我們的注意力，開放新的視角，並解鎖先前未考慮的答案和可能性。

11.「唯有瘋狂才能得到你想要的。」- 史蒂夫·喬布斯

NLP理念：Breaking Patterns（打破模式）

解釋：有時需要跳出常規，打破舊的思維模式，才能得到真正的突破。

12.「你不需要做其他人正在做的事情。只需做你最擅長的事情。」- 馬克·祖克伯格

NLP理念：Being Authentic（保持真實）

解釋：真正的影響力和吸引力來自於一個人的真實和獨特性。

13.「克服恐懼並勇敢地採取行動是成功的關鍵。」- 理查·布蘭森

NLP理念：Moving Beyond Limitations（超越限制）

解釋：了解並克服內在的限制信仰，使我們能夠更加勇敢地採取行動。

14.「無論在哪裡，始終保持學習和成長的心態。」- 薩提亞·納德拉

NLP理念：Lifelong Learning（終身學習）

解釋：知識和學習是不斷進步和適應變化的關鍵。

15.「為了成功，你的慾望要勝過你的恐懼。」- 傑克·韋爾奇

NLP理念：Motivation Strategies（激勵策略）

解釋：通過強烈的內部驅動力和正確的激勵策略，我們可以克服恐懼和其他障礙。

以上的引用所反映的觀點和NLP的某些理念相契合，例如：自我認知、目標導向、正向思考和克服恐懼等。

畫中的字

(Power of Words)

在一個寧靜的小鎮上，有一位名叫莉娜的女孩，她從小就喜歡書法。她的字寫得飄逸而美觀，但莉娜卻從未意識到她所寫的字的內在力量。

有一天，鎮上來了一位名叫瑪克的男子。瑪克因為從小經歷的種種不幸，性格變得孤僻冷漠。他每天都在鎮上的公園的長凳上坐著，與世無爭。

莉娜經常路過公園，有一天她決定給瑪克寫一張小卡片，卡片上寫著：「你是有價值的。」她不敢直接給瑪克，所以她將卡片放在了瑪克的身旁。

當瑪克發現這張卡片時，他被上面的字深深打動了。他從未有人對他如此友善和溫暖。這六個字賦予了他新的生命力。

瑪克決定找到寫這張卡片的人。當他得知是莉娜寫的時，他找到了她並深深地向她表示感謝。

從此，瑪克的生活發生了巨大的變化。他開始參與鎮上的公益活動，並成立了一個幫助那些和他有相同遭遇的人的慈善組織。

莉娜和瑪克成了親密無間的朋友。他們經常在公園的長凳上一起寫字、畫畫，分享生活中的點點滴滴。

莉娜從瑪克的故事中認識到，文字的力量是如此的強大，一句溫暖的話可以改變一個人的一生。

此後，莉娜成立了一個名為「文字的力量」的工作坊，教導人們如何用正面和積極的語言影響他人的生活。

這個故事告訴我們，不要低估一句話語的力量，它可能會讓一個人從絕望中看到希望，從黑暗中走向光明。

文心後記

很多的發明都是源於懶惰。

可口可樂(Coca Cola)這個名稱的由來與飲料的成分有關。在起初販售可樂的飲料公司中,他們在飲料中使用了兩種特殊成分,即古柯葉(Coca leaf)和可樂果(Cola nut)。古柯葉被當地人用來緩解高山症、提神和補充能量。它原本是一種無害的傳統藥草,除了提供熱量外,還含有微量的古柯鹼和其他多種植物鹼成分。

但可樂其實是甚麼?可樂是糖加上水。一條簡單的公式便暢銷世界。以前沒有飲料嗎?沖一杯咖啡要買豆、磨豆、用濾紙、用上熱水、合適的溫度……才可沖出一杯咖啡。同樣是暢銷全球的飲料,可樂卻把一切變得更簡單。

王老吉為何好賣,那也只是糖加水加中藥,飲了後不會熱氣?吃炸雞、炸薯條後喝一罐就不會熱氣?**人的看法比真正的事實更重要。重要的不是真相,重要是人的看法。效果解決問題。**

怎樣營銷?不如問怎樣塑造讀者的感官才是最重要。

每個人想接受甚麼真相?

在現今社會上,遍地大學生。在社會的氛圍下,基本上人人也是學習差不多的知識,接觸差不多的資訊,假設大家的能力相約,但為何有些人總是可是突

圍而出？

一切源於包裝。

有專家說洗頭水與沐浴露其實是同一樣的東西、同一樣的產品、差不多的成份，有很多洗頭水標榜可以去頭皮，但怎樣才叫去頭皮？如果沐浴露也可去頭皮呢？

每一個品牌都給人不同的印象，之後一切在包裝，就是鋪排的功力。

銷售是全世界最難的事，你會怎樣植入一個信息給你每天都接觸一式一樣東西的讀者？

讀者認為你是甚麼就甚麼。

純天然蒸餾水，「法國山泉」、「零污染零添加」、「天上冰泉」就是給人高貴的感覺。

如果水是沒有品牌呢？有沒有人買？必須要專業，然後留白，給予觀眾去思考真相。

市場上的價值？

不少人也會把自己神化，如歌神張學友、天王巨星周杰倫、四大天王……

所謂的成功是複製再創新。模仿、模仿再模仿。改良之後又改良。

NLP是甚麼？就是一些溝通的方程式，面對甚麼人說甚麼。

簡單就是美，simple is the best.因爲簡單的事都必須由複雜的過程抽絲剝繭變成。正如馬雲所言：「最優秀的模式往往是最簡單的東西。做任何事，必須要有突破，沒有突破，就等於沒做。別人可以拷貝我的模式，不能拷貝我的苦難，不能拷貝我不斷往前的激情。」

Growth is constantly refreshing our understanding.
成長就是不斷刷新認知。

世界上所有的知識，所有的話在人類的歷史一定有人說過，NLP與商業在於你能否融會貫通。把未知變成知，你的善良必須帶點鋒芒，這樣你才有能力活下去，也能在這個複雜的社會走得更遠。

Your kindness must have some sharpness, so that you have the ability to survive and go further in this complex society.

顧慮是一個常常困擾我們的情緒，它讓我們活在別人的眼光中，束縛了我們自己。過多的顧慮使我們無法前進，無法自由地追求自己的夢想和目標。它讓我們無法開心地思考、做事、甚至安心入睡。我們想得太多了！

回想一下小時候，我們是多麼無憂無慮，無所畏懼。小朋友不在乎別人的眼光，只要想做就去做。他們不知道眼光這個概念，也不怕被其他人評論。他們的勇敢和天眞無邪，讓他們能夠自由地追求自己的興趣和快樂。

一個勇敢的創業者也是如此，他們會先想出一個獨特的概念，然後大膽地創業，並在之後不斷改良。他們不在乎別人的眼光，如果因爲受到冷眼而放棄，就永遠無法創造出新的科技、新的產品、新的市場。

回想當年，主流的手機市場以鍵盤手機爲主，但蘋果卻挑戰傳統，推出了一款只有觸碰式螢幕的手機。當時，許多人對此持冷眼態度，但蘋果並沒有顧慮產

品是否受歡迎，他們懷著成功的夢想，勇敢地追求自己的創意。結果，這款簡約而創新的觸碰式螢幕手機取得了巨大成功，改變了整個手機市場。

顧慮往往只是我們自己給自己的束縛，它限制了我們的想像力和行動力。要成就大事，我們需要勇敢面對自己的顧慮，放下對他人評論的擔憂，並堅持追求自己的夢想。只有這樣，我們才能真正發揮自己的潛力，創造出獨特而卓越的成就。

NLP可以應用在地產、保險、銷售。我一直認為只要NLP真的幫助到別人，在日常生活無形入血使用便已足夠。

局目子後記：
NLP於商業管理之旅

　　隨著本次探討NLP在商業管理的應用畫下句點，我感到既興奮又感慨。這一主題不僅深邃，也極具前瞻性，反映了現代商業領域與心理學之間日益增強的聯繫。

　　在研究過程中，我深深體會到NLP不只是一套工具或技術，它更是一種思維方式，一種解決問題和提高效率的方法。從團隊建設到客戶關係管理，再到品牌建立和危機處理，NLP提供了一系列有效的策略，幫助商業領袖和團隊更好地理解、溝通和激勵。

　　回顧這段研究旅程，我感謝所有參與此領域研究的學者和專家，他們的成果為我打開了新的視野。同時，也要感謝每一位讀者。是你們的熱情參與和反饋，讓這一主題更具生命力。

　　商業管理的道路充滿了挑戰，但憑藉NLP的助力，我們有了更多的武器和策略去面對這些挑戰。期待在未來，更多的企業和個人能夠深入瞭解NLP，並將其應用到各種商業場景中，創造更多的奇蹟。

　　最後，我希望本書能為大家帶來啟發，也期待在NLP與商業管理的交會點上，繼續與大家深入探討、學習。

　　期待更多與您分享的時刻。

附錄1：
100 common NLP Glossary

以下是神經語言程式學(Neuro-Linguistic Programming，NLP)的一些常見詞彙解釋(以下詞彙表不依英文字母排列)：

100 common NLP terms in English and their Chinese(Traditional) explanations.
I hope this will be helpful to you.

1. Anchoring(心錨)：The process of establishing a connection between an internal response and an external or internal trigger, enabling rapid and sometimes covert retrieval of the response.

2. Belief(信念)：Strong convictions or acceptances regarding the truth or reality of certain things.

3. Calibration(校準)：The process of acquiring the ability to interpret someone's physiological changes as indicators of their internal experiences.

4. Chunking(上堆下切)：A cognitive process of organizing information into meaningful and manageable chunks to enhance comprehension.

5. Congruence(一致性)：A state in which all aspects of an individual's psychology align with the desired outcome.

6. Disassociation(解離)：The act of mentally separating oneself from a direct experience, gaining an external perspective.

7. Ecology(生態學)：In the context of NLP, it refers to the consideration of the

overall relationship system between individuals and their environment, encompassing short and long-term effects.

8. Embedded Commands(嵌入式指令)：Commands that are subtly incorporated within a larger message or communication.

9. Eye Accessing Cues(眼睛訪問提示)：Observable eye movements indicating specific cognitive processes or thought patterns.

10. Framing(框架)：The context, perspective, or presentation through which something is perceived or understood.

11. Future Pacing(未來同步)：The mental rehearsal of future experiences to gain a sense of what it will be like when a desired goal is achieved.

12. Generalization(一般化)：The process by which specific elements or instances are detached from their original context and come to represent a broader category of similar experiences.

13. Hypnosis(催眠)：A trance-like state characterized by heightened focus and concentration.

14. Intent(意圖)：The underlying purpose or motivation behind a person's behavior or actions.

15. Kinaesthetic(觸覺)：Pertaining to the sense of touch, physical sensations, and bodily actions.

16. Lead System(引導系統)：The dominant representational system an individual typically employs to organize and process information and experiences.

17. Meta Model(後設模式)：An NLP model that identifies and challenges the language patterns used by individuals to gain deeper understanding and uncover underlying meanings.

18. Milton Model(米爾頓模型)：A set of language patterns used for persuasive communication, derived from the hypnotic techniques of Milton H. Erickson.

19. Modelling(建模/模仿)：The process of observing and replicating the be-

haviors, beliefs, and strategies of highly successful individuals to achieve similar outcomes.

20. Neurolinguistic Programming(神經語言程式學設計)：A methodology focused on modifying behaviors, emotional states, and self-perceptions by utilizing language patterns, cognitive strategies, and sensory-based techniques.

21. Outcome(結果)：The desired end result or goal that an individual strives to achieve.

22. Pacing(同步)：A technique involving mirroring or matching certain behaviors of the person being communicated with, to establish rapport and build a connection.

23. Rapport(關係建立)：A state of trust, harmony, and understanding between individuals, facilitating effective communication and cooperation.

24. Reframing(重塑)：The process of changing the way an event or situation is perceived and interpreted, resulting in a shift in its meaning and emotional impact.

25. Representational System(表象系統)：The sensory modalities(visual, auditory, kinesthetic, olfactory, gustatory)through which individuals process, store, and retrieve information.

26. State(狀態)：The combined mental, emotional, and physiological condition an individual experiences at any given moment.

27. Strategy(策略)：A sequence of internal and external mental processes and actions that lead to a specific outcome or goal.

28. Submodalities(次模式)：Subtle distinctions within each representational system(visual, auditory, kinesthetic, etc.)that affect the quality and intensity of sensory experiences.

29. Swish Pattern(轉移模式)：An NLP technique used to address and replace unwanted habits or behaviors with desired alternatives.

30. Timeline（時間線）：An individual's subjective representation of the passage of time, often used in NLP to explore and modify experiences and goals.

31. Unconscious Mind（無意識）：The part of the mind where many processes and activities occur without conscious awareness, influencing behavior and perception.

32. Visual（視覺）：Pertaining to the sense of sight and visual perception.

33. Auditory（聽覺）：Pertaining to the sense of hearing and auditory perception.

34. Olfactory（嗅覺）：Pertaining to the sense of smell and olfactory perception.

35. Gustatory（味覺）：Pertaining to the sense of taste and gustatory perception.

36. Sensory Acuity（感官敏銳度）：The ability to accurately perceive and discern subtle nuances and details across all sensory modalities.

37. Pattern Interruption（模式中斷）：The intentional disruption of a sequence of thoughts, behaviors, or patterns that lead to undesired outcomes.

38. Collapsing Anchors（摺疊心錨）：An NLP technique used to neutralize triggers that evoke negative emotional responses by associating them with positive or neutral states.

39. Meta Programs（後設程式）：Cognitive processes that influence and direct other cognitive processes, shaping an individual's thinking, behavior, and responses.

40. Suggestibility（易受暗示性）：The degree to which an individual is prone to accepting and internalizing ideas, messages, or suggestions from others.

41. Synesthesia（通感）：The blending or crossing of sensory or cognitive experiences, where stimulation in one modality triggers involuntary experiences in another.

42. Presuppositions（前設）：Assumptions or beliefs underlying a statement or thought process that serve as a foundation for understanding and communication.

43. Transderivational Search（跨衍生搜索）：A psychological process of seeking

information from past experiences to interpret and compre hend a vague communication or event.

44. Utilization(利用)：The skillful application of a client's responses and behaviors to facilitate therapeutic change or achieve desired outcomes.

45. Double Bind(雙重束縛)：A form of control or influence involving contradictory messages that create a dilemma or confusion for the recipient.

46. Feedback(反饋)：Information provided to a system that enables it to adjust and modify its behavior or processes.

47. First Position(第一位置)：Adopting one's own perspective or viewpoint when perceiving and interpreting the world.

48. Second Position(第二位置)：Adopting another person's perspective or viewpoint to gain understanding and empathy.

49. Third Position(第三位置)：Adopting a detached perspective or viewpoint, observing and considering the situation from an unbiased standpoint.

50. Fourth Position(第四位置)：Adopting the perspective or viewpoint of a system or group, considering the larger context and dynamics.

51. Six Step Reframe(六步重構)：A technique used in NLP for exploring and modifying unconscious behaviors and responses through a systematic six-step process.

52. Logical Levels(邏輯層次)：A model describing different levels of processes within an individual or group, ranging from environmental factors to identity and beyond.

53. Satir Categories(薩提爾分類)：Virginia Satir's categorization of human response styles, including blaming, placating, being irrelevant, computing, and leveling.

54. Cartesian Coordinates(笛卡爾坐標)：A questioning technique used to examine the consequences and effects of a decision or change from multiple perspectives.

55. New Behavior Generator(新行爲生成器)：A technique used to rehearse and

test new behaviors against ecological criteria, enabling the development of more effective responses.

56. Core Transformation（核心轉化）：A technique used to identify and modify core beliefs or values that underlie problematic patterns and behaviors.

57. Backtracking（回溯）：The process of paraphrasing and repeating another person's words to confirm understanding and active listening.

58. Meta Mirror（元鏡像）：A technique used to gain multiple perspectives on a situation, including one's own, the other person's, and a detached observer's viewpoint.

59. S.C.O.R.E. Model（S.C.O.R.E.模型）：An NLP problem-solving and goalsetting model representing Symptoms, Causes, Outcomes, Resources, and Effects.

60. Well-formedness Conditions（完形條件）：A set of criteria that goals must meet to be considered well-formed, increasing the likelihood of achieving them.

61. Change Personal History（改變個人歷史）：An NLP technique involving revisiting past experiences and modifying reactions or understanding to influence current behavior or beliefs.

62. Nominalizations（名詞化）：The process of representing an action or process as a static object, often used in language to generalize experiences.

63. Deletion（刪減）：A language pattern involving selective attention to certain aspects of experience while excluding others.

64. Distortion（扭曲）：A language pattern involving shifts or alterations in the perception of sensory data and experiences.

65. Downtime（休息時間）：In NLP, it refers to a state of trance or daydreaming.

66. Uptime（正常運行時間）：Being fully aware and conscious of the present external environment.

67. Complex Equivalence（複合等價）：Assigning meaning or equivalence between events that may not be directly related.

68. Cause-and-Effect（因果）：A relationship in which one event or factor is seen as the direct cause of another.

69. Mind Reading（讀心術）：The presumption of understanding someone's thoughts or feelings without explicit communication.

70. Perceptual Positions（知覺位置）：Different perspectives from which a situation can be considered, including first, second, and third positions.

71. Internal Representation（內部呈現）：The subjective mental and sensory construction and encoding of events and experiences.

72. Advanced Submodalities（進階次模式）：More refined or specific aspects of the sensory representation of experiences, further influencing their meaning and impact.

73. Reimprinting（重塑印記）：A process used to address past traumas and update limiting belief systems through reframing and integration.

74. The Meta Mirror（元鏡像）：A technique used to gain a better understanding of another person's perspective and improve interpersonal relationships.

75. The Disney Strategy（迪士尼策略）：A creativity strategy based on the methods Walt Disney used to transform dreams into reality.

76. NLP Presuppositions（NLP前設）：Fundamental assumptions and attitudes adopted in NLP for effective communication and personal change.

77. The Learning State（學習狀態）：A state of receptiveness and openness to new information and learning experiences.

78. Visual Squash（視覺壓扁）：A technique used to resolve internal conflicts and integrate different aspects of oneself through visual imagery.

79. Core States（核心狀態）：Profound states of being, such as love, peace, or oneness, that individuals can access.

80. Nested Loops（巢狀迴圈）：Stories within stories used to communicate complex ideas in a way that bypasses conscious resistance and encourages unconscious integration.

81. Sleight of Mouth（口訣）：A set of language patterns and techniques used for

persuasive and influential communication.

82. Metaphor（隱喻）：The use of symbolic or suggestive language and stories to convey a message or idea.

83. The Agreement Frame（同意框架）：A communication technique used to establish agreement and minimize resistance by emphasizing common ground.

84. The Alphabet Game（字母遊戲）：A cognitive game that promotes cognitive flexibility and neuroplasticity by generating words starting with each letter of the alphabet.

85. TOTE Model（TOTE模型）：An acronym for Test-Operate-Test-Exit, a model that describes how humans strategize and achieve desired outcomes.

86. The Five Senses（五感）：The sensory modalities of sight, hearing, touch, smell, and taste through which we perceive and experience the world.

87. Break State（斷開狀態）：A technique used to interrupt and disrupt a current thought process or emotional state.

88. Yes Set（肯定預設）：A technique used to elicit agreement and compliance by getting the other person to say yes multiple times.

89. Pattern Matching（模式匹配）：The process of recognizing familiar patterns or structures in new information or experiences.

90. Metamodel Violations（後設模式違規）：Instances where a speaker's language violates the rules of the NLP metamodel, often indicating distortions, deletions, or generalizations.

91. Brief Strategic Psychotherapy（BSP）（短期策略心理治療）：Therapists actively direct sessions to target problematic patterns of thinking, behaving or interacting. Interventions are purposefully selected based on the particular issues.

92. Emotional Freedom Technique（EFT）（情緒釋放技術）：A therapeutic intervention drawing from various alternative medicine theories and practices.

93. Ego States（我狀態）：Components or aspects of personality according to

Transactional Analysis theory.

94. Reticular Activating System (RAS)(網狀激活系統)：A brain region involved in attention and arousal regulation.

95. Time Distortion(時間扭曲)：An altered perception of the passage of time, often experienced during intense focus or certain emotional states.

96. State Elicitation(狀態引出)：A technique used to induce or evoke a specific state in an individual.

97. Hallucination(幻覺)：The perception of sensory experiences that are not present in reality.

98. Predicates(謂語)：Words and phrases used by individuals that indicate their preferred sensory representational system(visual, auditory, etc.).

99. Somatic Syntax(體語法)：The influence of bodily movements, postures, and gestures on thinking and emotional experiences.

100. Trance(催眠狀態)：A focused state of attention and heightened suggestibility, which can be self-induced or facilitated by a hypnotist.

附錄2：
共鳴模式（Resonance model）

如果你在商業上，有哪些事想不通，也可用此方法。

（想像出三位良師，各人性格、對話、形象、語言、特性）

方法1：
1. 想像三位良師 可能是你的朋友、可能還健在或是已去世的。
2. 自己扮演不同的人與自己對話
3. 統合各人

脫險的人都曾在腦中不斷預演一件事，現在怎麼辦？

方法2：預演

1. 扮演導演、製作人 對預演進行監察與調節 發展新行動
2. 觀察者在外 望著處於壓力的自己
3. 導演修改 望著處於壓力的自己
4. 發展新的自己(製作人檢視是否符合信念與價值)
5.有必要再經導演修改行為

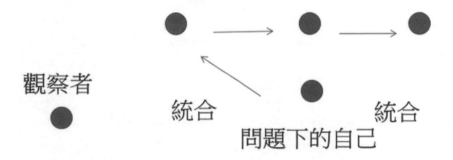

附錄3：
自測

你如何設計一個屬於自己的NLP與商業模式？

1) 你心目中的NLP是？怎樣應用在商業？ _____
_____
_____

2) 你會如何對待商業管理？讀畢此書後，有甚麼新的想法可以落實？_____
_____
_____

3) 你會想在商業上怎樣使用NLP，你可以寫出來：_____
你又會想在未來有甚麼改變？ _____
_____

4) 或者一個你心目中想改善的方向是：_____
爲甚麼會想有這樣的改善？ _____
_____

5) 爲甚麼你想改變現狀？又或者現狀又有甚麼可以做得更好？_____
_____
_____

6) 改變還是不改變?改變了又怎樣?_____
_____

7) 最好的結果是?_____
_____

8) 在商業上，你想成為一個怎樣的自己?_____
_____
_____

又或者你想成為一個怎樣的人?_____
_____
_____

這個世界從來沒有完美的機制，只有更完善的機制。做人如是，從商如是。如果你可以用一些時間思索以上問題，或者你的世界可能從此再不一樣……當然，你亦可把此書送給一些需要在商業上改變的人，或者在商業上遇上樽頸位的人。

商人的憂慮

有一位商人，生了兩個兒子，大兒子開了一間雨衣店，專賣各式各樣的雨衣，在下雨時生意極好。小兒子是洗衣店的東主。於是商人絞盡腦汁，擔心兩位兒子的生意，為他們想方案。每逢下雨，他就憂心洗衣店的衣服未必可以完全曬乾；每當晴天，他又怕兒子的雨衣賣不出去，他天天為兩位兒子擔心，生活憂愁。

最後，他思慮過度病了進醫院。醫生告訴他：「其實你真的很有福氣，兩位兒子都是東主。他們在你有事的時候隨時也可抽身來探你。下雨時，你大兒子的生意會立即好起來，生意興隆，也有更多人衣服濕了，可能找你的小兒子風乾。晴天時，也會有人找你的小兒子洗衣服，因為很快便乾。你真的有福氣，那天都有好消息。」商人最後不藥而癒。

人永遠有無限擔心，即使能活千歲，可能九百歲也在擔憂。每一個人都是人世間的寶藏，留待他人去發掘。我們可以百客應百客，換個框架、換個心態、換個商業價值，只要導人向善，世界會因你不同。志同道合的人，才可與你看同一樣的風景。

學徒出師

學生去找老師，並得意地告訴老師：「我已經把NLP的技術學完了，可以去

當老師了。」老師問：「甚麼是夠？」學生說：「夠了就是學懂所有，沒有空間再裝下其他了。我已能夠舉一反三，掌握所有NLP技巧。」老師說：「那麼我最後教你一招NLP的絕招，你去裝一碗滿的石子來。」學生大疑不解，但照做，然後問老師：「現在滿了。」老師放了一些沙子進去，沒有從碗子滿溢，然後再問學生：「滿了嗎？」學生很有信心地說：「真的滿了。但與NLP有甚麼關係？」NLP的技巧在不引導、不分析。老師沒回答，再倒一杯水，碗依然沒有滿。老師告訴學生，這就是NLP，學生似懂非懂，陷入沉思。

永遠也不要停下來，學無止境。世界上永遠沒有完美的事，只有更完善的事。凡事要多想幾條路，要永遠年輕，永遠也要保持好奇，熱淚盈眶面對世界的一切。

附錄4：
跟大師學商業溝通術

米爾頓‧艾瑞克森(Milton Ericson)的故事：

　　米爾頓.艾瑞克森(Dr.Milton Hyland Erickson, 1901年12月5日-1980年3月25日)，他被譽爲「現代催眠之父」，他也是啟導NLP的靈魂人物。艾瑞克森的成就可以被視爲極具開創性。他被譽爲20世紀的首席心理治療師，他所開發的治療方法已被廣泛應用於全球，包括**短期策略心理治療、家庭系統治療、策略性家庭治療、方案焦點治療(SFBT)和神經語言程式學(NLP)**等多種主流治療系統。

　　有關他的故事，極具啟發性，除影響催眠外，亦影響各個層面，他絕對是NLP界的「霍金」，他敢於創新，致力把NLP及催眠專業化地應用至生活每一層面。

艾瑞克森是20世紀著名的心理學家和催眠治療師，他對催眠治療領域的發展做出了巨大貢獻。以下是他的生平：

　　艾瑞克森於1901年出生在美國內華達州奧倫市。然而，在他年輕時，他面臨了一次重大挑戰，即1918年因脊髓灰質炎而導致癱瘓。儘管他身體上受到了嚴重限制，但這並沒有阻止他追求學術和職業的成功。

**　　艾瑞克森常重視觀察被催眠個案的能力，並相信這種能力可以透過訓練而增強。他的卓越觀察力成爲他的傳奇，這些觀察力能應用在生活每一層面上。由於他身體上的限制，他的觀察力變得敏銳。**

他曾憶述：當他17歲時，他罹患了小兒麻痺症，那時候他完全癱瘓在床上，沒有任何感覺。因此，他只能靠微弱的感覺來移動我的頭部、腳部或手指，後來他真的能夠稍微移動一些。後來，當他進入醫學領域，他學到了關於肌肉的知識，他利用這些知識來發展因小兒麻痺而無法正常運動的肌肉，並試圖以不完全的方式移動肌肉。這樣的訓練花了他十年的時間。他開始能夠感覺到身體的運動，這樣的嘗試非常有益。如果人們留意，他們就可以以利用微小的外顯肌肉運動來揭示一些信息。在他們的交流中，身體肌肉運動的作用遠不僅僅是說話而已。他可以根據一位鋼琴家觸碰琴鍵的方式來判斷鋼琴家的水平，而不僅僅依據所彈奏出的聲音。觸碰的確定性、輕柔的觸感、有力的按鍵觸感，都可以明確地判斷出來。優秀的演奏包含了靈敏的肢體運動。

1923年，艾瑞克森第一次參加了一個催眠研討會，對催眠術產生了濃厚的興趣。他開始探索催眠的潛力，並將其應用於臨床治療中。

1925年，艾瑞克森開始了他的第一段婚姻，並育有三個子女。他成為羅德島州國立醫院的精神科醫生助理，隨後進入科羅拉多州精神病醫院擔任實習醫生。

1928年，艾瑞克森獲得了醫學和心理學學位，這使他能夠更深入地研究和實踐催眠治療。這次經歷給他留下了深刻的印象，從那時起，他開始自學成為一名催眠師。

艾瑞克森對催眠產生興趣是在畢業於威斯康辛大學心理學系後，觀看了心理學家以及他的老師克拉克・萊昂納多・赫爾（Clark Leonard Hull，1884年5月24日—1952年5月10日）的一場示範表演。Clark L. Hull家境貧困，曾多次中斷學業，**直到16歲才正式接受正規教育。在1908年亦不幸罹患了小兒麻痺症，導致他半身癱瘓。這些經歷都強化了他非凡的觀察。**他隨後轉向學習心理學，並於1916年取得了碩士學位及在1918年在威斯康辛大學獲得了心理學哲學博士學位。Hull在威斯康辛大學長期擔任教職，並逐步晉升為心理學教授兼實驗室主

任。在1929年，更轉職到耶魯大學，擔任教授。他對啟導心理學與催眠，有重要成就。

Hull啟導了艾瑞克森，而艾瑞克森則利用每一個機會來練習他的技巧，他與願意合作的人進行催眠練習，包括他的學生、朋友和家人。到了大學三年級，他已經催眠了數百人。在這段時間裡，他進行了許多實驗，並在醫學院、心理學系和醫院等地展示他的催眠和NLP能力。

1934年，艾瑞克森被任命爲密歇根州埃洛伊塞醫院精神科主任，並成爲密歇根州立學院心理學臨床教授。他的聲譽逐漸擴大，成爲催眠治療領域的權威。

1936年，艾瑞克森再婚，並繼續在臨床實踐和研究中不斷探索催眠的應用。

1948年，他被任命爲亞利桑那州醫院的主任醫師，繼續在該領域發展並推動催眠治療的應用。

然而，1952年，艾瑞克森再次受到健康問題的困擾，但這並沒有阻止他繼續工作和研究。

1957年，他創立了**美國臨床催眠協會**(American Society of Clinical Hypnosis)，旨在促進催眠研究和應用的發展。

1967年，他的第一本文章結集出版，進一步推廣了他的治療方法和理念。

1980年3月27日，艾瑞克森在亞利桑那州鳳凰城去世，享年79歲。

艾瑞克森的治療方法以其獨特性和創新性而聞名。他擅長使用個體化和多層次的間接溝通，結合他非凡的洞察力和無比的愛心，使治療過程變得「神奇」。

除了催眠治療，艾瑞克森還提出了許多心理學的重要理論和技術，如米爾頓模式(Milton Model)。這是一種以他的名字命名的語言模式，被廣泛應用於NLP、自我成長、個人發展、溝通技巧和心理治療中。(這些模式可參閱：《NLP神經語言程式學實務——人際溝通》)

他的治療方式與溝通技巧往往不按常理，我們將在此舉出三個有關他引人為勝的治療故事，如果看得懂這三個故事，相信可以在商業上/職場上/人際關係上戰無不勝：

故事1（15個治療師拜訪的故事）：
有一次，15位催眠治療師聚集在一起，共同前往拜訪艾瑞克森。當這15位催眠治療師來到艾瑞克森面前，每個人都興奮地說出自己想向他請教的問題。
艾瑞克森只靜靜地聆聽著，各種問題在空氣中飄揚。

突然，艾瑞克森開口說話了。他不按常理，總讓人意想不到：艾瑞克森所說的每一句話，每一段回答，都讓在場的15位催眠治療師深信自己得到了他們專屬的回應。每個人都感受到了深刻的啟發和豐富的收穫。

分析：
艾瑞克森所做到的是：觀察、聆聽，以及設計獨一無二的故事。他的技巧是百貨應百客，以及能夠一如廚師發辦(Omakase)一樣，為每個案主設計最合適的料理，相信這些重要的理念，也可應用至商業以至各個層面。

故事2（19歲少年神奇戒毒個案）：
另外一次，警方找到艾瑞克森，希望他能幫助一位19歲的青年，這位青年多次進出戒毒所，卻無法戒掉毒癮。當青年進入大師的房間，走到艾瑞克森面前時，艾瑞克森輕聲地說了一句話：「請坐。」

這句話充滿了權威和安撫。

接下來的十幾分鐘裡，房間充滿了沉默。大師靜靜地觀察著這位青年，而青年也默默地坐在那裡。突然，艾瑞克森又不按常理告知那少年可以走了。

這簡短的一句話充滿了力量和解脫。

令人不可思議的是，這位青年居然就這樣戒掉了毒癮。他的眼神中透露出堅定和決心，他從此踏上了一個新的生活道路。

這些神奇的個案讓人無法抗拒地被吸引。說到這裡，可能大家都莫名其妙。

艾瑞克森曾以一個故事來詮釋他的治療方式。他回憶起自己的童年時光，當時一匹不知名的馬走進了他家所在的農場。沒有人知道這匹馬從哪裡來，也無法辨識出它的主人。父親決定將馬送回它原本的家。

父親騎上馬，引領著它走上大路，相信馬有回家的本能。

當馬走到路邊的草地或田野時，父親會輕輕制止，堅定地將馬帶回路上。這樣，馬很快回到了它的主人身邊。主人對此感到驚奇，問其父親怎樣知道這匹馬是從這裡走失的？也怎麼知道馬是那位主人的？

父親則指出他並不知道，但這匹馬知道。我所做的只是讓它一直走在回家的路上。

這個故事象徵著艾瑞克森的溝通方式。

分析：
他相信每個人都擁有自己的內在智慧和資源。他的角色就像父親引導那匹馬一樣，他將人們帶回他們自己的內心，啟發他們發掘解決問題和達成目標的能力。他的話語和指導不是針對特定的個體，而是觸動每個人內在的智慧，讓他

們在自己的旅程中找到答案。

艾瑞克森的治療方式被認為是神奇的，因為他能夠以簡單的話語和觀察，引導人們產生深刻的改變。他的語言技巧和NLP技術使他能夠創造一個安全和接納的環境，讓人們打開心扉，自我探索和成長。

話不需說得多，太多反而適得其反，就如：一個人在哭，他的內心一定有些情緒。他不是希望聽到你對他說不要哭，反而這時靜心聆聽，感受他的感受，無聲勝有聲可能更重要。

同理，在商業上，過度去推銷一個產品可能令人討厭，適當時做適當的事，了解每一個顧客/來訪者/案主的動機，往往比起刻意銷售來得更有力量。

故事3 一個討厭從事銀行工作的少年：
曾有一位年輕人患有哮喘，完全依賴母親的照顧。母親無微不致地照料他的需求，讓他對獨立生活毫無興趣。然而，這位年輕人的生活正在遭受限制，他渴望有自己的事業，但卻缺乏動力和自信。這時，艾瑞克森的治療方法和過程為他帶來了改變。

艾瑞克森決定說服年輕人在銀行找工作，儘管案主並不對銀行工作感興趣。每週一次，他與案主見面，並向他提出一個關於銀行的小問題。這些問題都是案主能夠回答和分享的，讓他感到自信並樂意參與。

當案主在工作中犯錯時，艾瑞克森並不詢問細節，而是對他改正問題的方法感興趣。這種關注使案主感受到他的價值和成長的機會。

結果，案主開始對銀行工作產生熱情，並認為它是一個令人愉快的臨時工作，可以幫助他賺錢上大學。以前，他從未考慮過上大學，但現在，他開始意識到哮喘對他的生活所帶來的困擾。他的熱情和動力開始轉移到對大學的夢想上。

艾瑞克森與案主建立了關係，幫助他擴展個人世界，激發他的潛力並帶來積極的改變。

分析：

這個案例展示了艾瑞克森治療方法的重要性，並揭示了其在商業領域的適用性。在商業中，建立關係(Rapport Building)是至關重要的。當你能與客戶、合作夥伴或團隊建立良好的關係時，你便能夠建立信任和理解，激發彼此的潛力，並實現共同的目標。

同時，了解個人動機和目標也是關鍵。艾瑞克森通過引導案主發現他對大學的渴望，從而激發了他的動力和熱情。在商業中，了解員工或合作夥伴的目標和動機，並將其與組織的目標相結合，可以激發更高的工作動力和投入度。

最後，艾瑞克森的治療方法強調個人的能力和內在資源(inner resource)。他關注案主在銀行工作中的能力，並鼓勵他發揮所長。在商業中，重視和發展個人的能力和資源，讓每個人能夠在自己的領域中發揮最大的價值，從而促進個人和組織的成長。

艾瑞克森的治療方法在商業中有著重要的啟示。通過建立關係、了解個人動機和目標，以及發揮個人能力和資源，我們可以激發人們的動力和熱情，並實現個人和組織的成長。在商業環境中，這種治療方法可以應用於領導力、團隊合作、客戶關係管理等方面，幫助實現組織的目標並創造成功。

當然，同樣的故事還有很多，這些個案故事向我們展示了艾瑞克森作爲一位催眠治療師的非凡能力和洞察力。他的方法不僅僅是技術和技巧的運用，更是對人性的深刻理解和尊重。艾瑞克森的貢獻對於NLP心理學和催眠治療領域的發展具有深遠影響。他的方法和理念爲治療師們提供了一種創新的方式來幫助案主解決「個性化」以及獨一無二的問題。